Découvrez l'histoire par les archives de presse

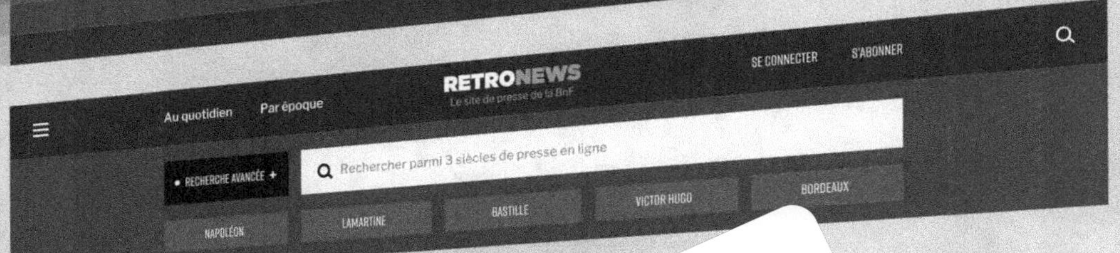

RETRONEWS

Le site de presse de la BnF

www.retronews.fr

INVENTAIRE
S 15,617

PRIX : 1 FRANC 25 CENTIMES.

ANNUAIRE

DE

L'HORTICULTEUR FRANÇAIS

POUR L'ANNÉE

1860,

Contenant les adresses des principaux horticulteurs de l'Europe, avec l'indication de leurs principales cultures, le résumé des plantes, les plus belles et les plus nouvelles, introduites dans ces dernières années, etc.

PAR

L. INGELRELST,

Jardinier chef au Jardin botanique de Nancy.

PREMIÈRE ANNÉE.

NANCY,

MAUBON, libraire, succ. de PEIFFER, trottoirs Stanislas, 16,
et chez les principaux libraires.

PARIS,

Au bureau du journal l'*Horticulteur français*, rue Dupuytren, 6
(près l'École de Médecine).

S
1188
F.α.h.1.

15617

loppement de notre histoire ; elles la raconteront d'une manière figurée et la rendront, pour ainsi dire, vivante et palpable aux yeux.

Rien qu'à parcourir du regard ces gravures, du commencement à la fin, on s'appropriera, sans aucune fatigue dispendieuse, surtout par la conviction que rendre plus familière à un grand nombre de lecteurs la connaissance de nos origines et de nos traditions, c'est contribuer à ranimer, fortifier et éclairer l'amour de la patrie.

Prix de l'Ouvrage complet, 15 francs.

L'Histoire de France formera 2 volumes grand in-8 de 600 pages chacun, à deux colonnes, publiés en 150 livraisons de 8 pages, 75 livraisons de 16 pages, ou 30 fascicules de 40 pages. — *Les personnes qui payeront d'avance le prix de l'ouvrage complet recevront les livraisons franco à domicile.*

Mode de vente et de publication.

Une livraison de 8 pages tous les samedis. . . . . 10 centimes.
Une livraison de 16 pages tous les quinze jours. . . . . . . 20 centimes.
Un fascicule de 40 pages tous les mois . . . . 50 centimes.

Le premier volume est en vente.

AUX BUREAUX DU *MAGASIN PITTORESQUE*, QUAI DES GRANDS-AUGUSTINS, 29.

GRAMMAIRE GÉNÉRALE & HISTORIQUE DE LA LANGUE FRANÇAISE

OU TABLEAU COMPLET DE LA FORMATION, DES DÉVELOPPEMENTS ET DES VARIATIONS DE NOTRE IDIOME NATIONAL DEPUIS SON ORIGINE JUSQU'A NOS JOURS.

PAR M. L. POITEVIN

Auteur du Cours théorique et pratique de langue française, et du Nouveau Dictionnaire universel.

La GRAMMAIRE GÉNÉRALE ET HISTORIQUE forme deux volumes in-8 de 500 à 540 pages chacun.

Prix de chaque volume broché, 7 fr. 50 cent. — Les deux volumes brochés, 15 fr.

. . . . Augustins, 29, à Paris.

PRIX : 1 FRANC 25 CENTIMES.

ANNUAIRE

DE

L'HORTICULTEUR FRANÇAIS

POUR L'ANNÉE 1860,

CONTENANT :

Les adresses des principaux horticulteurs de
de l'Europe, avec l'indication de leurs
principales cultures, le résumé des
plantes les plus belles et les plus
nouvelles introduites dans ces
dernières années, etc..

PAR

L. INGELRELST,

Jardinier chef au Jardin botanique de Nancy.

PROSPECTUS.

Avant d'entreprendre la publication d'un *Annuaire de l'horti-culture*, nous avons cru devoir nous assurer de son utilité auprès des principaux horticulteurs et amateurs d'horticulture du pays, qui nous ont tous répondu en nous engageant très vivement à donner suite à notre projet.

Etant ainsi encouragé, nous avons pris tous les renseignements et toutes les dispositions nécessaires afin de produire un livre qui serve de guide : à tout horticulteur qui veut multiplier ses relations, à tout artiste qui désire trouver d'élégants modèles, à tout amateur qui veut se créer de nouvelles jouissances.

Nous nous trouvions donc dans la nécessité de faire connaître, avec une rigoureuse exactitude, les adresses des principaux horticulteurs de l'Europe, en indiquant avec soin les principaux genres de plantes cultivés par eux. La difficulté était d'autant plus grande, que parmi leurs plantes nouvellement introduites, ou obtenues par la culture, nous avions à faire un choix, en nous renfermant dans les limites les plus étroites, des plus belles espèces et variétés connues dans tous les genres, parmi les plantes tropicales les plus rares jusque parmi les plantes les plus communément répandues et cultivées sous notre climat. Car l'horticulture à laquelle le champ le plus vaste est ouvert, qui introduit, naturalise, modifie, multiplie une foule de végétaux qui charment la vue et qui rendent en même temps le sol de la France plus productif, qui exerce une si heureuse influence sur l'agriculture et sur la conservation des forêts, qui est si largement protégée aujourd'hui par le gouvernement, déborde entièrement du cercle étroit dans lequel se meuvent quelques industries.

Nous n'avons eu qu'un seul but : c'est d'être utile.

Si cependant nous nous trompons, s'il existe quelques lacunes dans notre travail, si nous avons fait quelques omissions regrettables, qu'on veuille bien nous en faire part ; nous accueillerons toujours avec une grande déférence les communications dont on voudra bien nous honorer, car n'étant exclusif d'aucune façon, nous voulons en faire une œuvre de tous et non d'un seul.

AVIS IMPORTANT.

L'ouvrage paraitra le 1er janvier prochain ; en France, toute personne qui, avant cette époque, enverra FRANCO à l'auteur CINQ TIMBRES-POSTES DE VINGT CENTIMES, recevra l'ouvrage *franco* à destination.

Nancy, Imprimerie de A. LEPAGE, Grande-Rue, 14.

ANNUAIRE

DE

L'HORTICULTEUR FRANÇAIS.

ANNUAIRE

DE

L'HORTICULTEUR FRANÇAIS

POUR L'ANNÉE

1860,

Contenant les adresses des principaux horticulteurs de l'Europe, avec l'indication de leurs principales cultures, le résumé des plantes, les plus belles et les plus nouvelles, introduites dans ces dernières années, etc.

PAR

L. INGELRELST,

Jardinier chef au Jardin botanique de Nancy.

NANCY,

MAUBON, libraire, succ. de Peiffer, trottoirs Stanislas, 16, et chez les principaux libraires.

PARIS,

Au bureau du journal l'*Horticulteur français,* rue Dupuytren, 6 (près l'École de Médecine).

PRÉFACE.

Avant d'entreprendre la publication d'un *Annuaire de l'Horticulture,* nous avons cru devoir nous assurer de son utilité auprès des principaux horticulteurs et amateurs d'horticulture du pays, qui nous ont tous répondu en nous engageant très-vivement à donner suite à notre projet.

Etant ainsi encouragé, nous avons pris tous les renseignements et toutes les dispositions nécessaires afin de produire un livre qui serve de guide : à tout horticulteur qui veut multiplier ses relations, à tout artiste qui désire trouver d'élégants modèles, à tout amateur qui veut se créer de nouvelles jouissances.

Nous nous trouvions donc dans la nécessité de faire connaître, avec une rigoureuse exactitude, les adresses des principaux horticulteurs de l'Europe, en indiquant avec soin les principaux genres de plantes cultivés par eux. La difficulté était d'autant plus grande, que parmi leurs plantes nouvellement introduites ou obtenues par la culture, nous avions à faire un choix, en nous renfermant dans les limites les plus étroites, des plus belles espèces et variétés connues dans tous les genres, parmi les plantes tropicales

les plus rares jusque parmi les plantes les plus communément répandues et cultivées sous notre climat. Car l'horticulture à laquelle le champ le plus vaste est ouvert, qui introduit, naturalise, modifie, multiplie une foule de végétaux qui charment la vue et qui rendent en même temps le sol de la France plus productif, qui exerce une si heureuse influence sur l'agriculture et sur la conservation des forêts, qui est si largement protégée aujourd'hui par le gouvernement, déborde entièrement du cercle étroit dans lequel se meuvent quelques industries.

Nous n'avons eu qu'un seul but : c'est d'être utile.

Si cependant nous nous trompons, s'il existe quelques lacunes dans notre travail, si nous avons fait quelques omissions regrettables, qu'on veuille bien nous en faire part ; nous accueillerons toujours avec une grande déférence les communications dont on voudra bien nous honorer, car n'étant exclusif d'aucune façon, nous voulons en faire une œuvre de tous et non d'un seul.

CHOIX DE PLANTES

LES PLUS NOUVELLES

ET

LES PLUS RECOMMANDABLES

SOUS LE RAPPORT

PITTORESQUE ET ORNEMENTAL.

En Horticulture, chaque année, chaque mois, même chaque jour, on voit surgir quelques plantes nouvelles ; les unes introduites à grands frais dans nos cultures, les autres obtenues par fécondation artificielle opérée par la main de l'horticulteur habile qui surprend en quelque sorte les secrets de la nature.

Les grands établissements d'horticulture annoncent annuellement leurs plantes par des catalogues et des suppléments, qu'ils publient au printemps et à l'automne. Le nombre de nouveautés annoncées et recommandées de cette façon, est si considérable, qu'il faudrait des jardins immenses, des fortunes colossales, pour pouvoir cultiver toutes ces plantes qui n'ont quelquefois que le mérite de la rareté et non celui de la beauté ; nous n'y faisons donc qu'un choix assez restreint, et comme c'est presque toujours *de visu* que nous en constatons le mérite ; les plantes que nous mentionnons méritent particulièrement l'attention de l'amateur et de l'horticulteur.

Pour faciliter les recherches, nous avons suivi l'ordre alphabétique pour le genre, l'espèce et la variété, et nous commençons par le genre :

AGAVE. On en connaît aujourd'hui plus de 80 espèces, presque toutes originaires des deux Amériques, de la Chine, de Madagascar et de la Nouvelle-Hollande. Toutes ces plantes ont des fleurs et des feuilles ornementales. Nous recommandons les plus nouvelles et les plus belles espèces et variétés suivantes :

Agave americana fol. var.	Agave glaucescens.
— americana fol. med. pictis.	— heteracantha.
— amœna.	— — cœrulescens.
— aplanata.	— — univittata.
— attenuata.	— hystrix.
— atrovivens (H. Berol)	— Jacquiniana.
— borbonica.	— linearis (Lemaire).
— chloracantha.	— maculosa.
— cœrulescens.	— micracantha.
— complanata.	— Noalksii.
— dealbata (Lemaire).	— Rumphii.
— densiflora.	— quadricolor.
— Ellemetiana.	— Salmiana (H. Berol).
— filifera (Salm-Dyck).	— serrulata.
— — longifolia.	— stricta.
— — major.	— — longerecurva.
— fœtida (Fourcroya gigantea).	— xylanacantha.
	— — spinis alba.

ARALIACÉES. Il y a environ 250 espèces décrites de cette famille; on peut en recommander les espèces suivantes :

Aralia leptophylla.
— papyrifera.
— reticulata.
— Sieboldtii.
Didymopanax Moretotoni.
— splendidum.
Oreopanax gracile.
— hypargireum.
Oreopanax lanigerum.
— peltatum.
— reticulatum.
Paratropia farinifera.
— pulchra.
— Teysmanniana.
Sciadophyllum assamicum.

AROIDÉES. On compte environ 400 espèces dans cette famille; les espèces naturelles au climat des tropiques y végètent en épiphytes; leurs fleurs sont plutôt curieuses que belles, elles sont recherchées pour la beauté de leur feuillage. Les espèces les plus belles et les plus nouvelles sont :

Amorphophallus Konjac.
Anthurium elatum.
— Lindenii.
— metallicum.
— Miquelanum.
— Selloum.
Caladium argyrites.
— bicolor.
Caladium Chantinii.
— hœmatostigma.
— metallicum.
— Verschaffeltii.
Colocasia enchlora.
Dieffenbachia picta.
Homalonema cœrulescens.
Sauromatum punctatum.

AZALEA INDICA. Parmi les variétés obtenues dans ces dernières années, nous citons les plus belles :

Admiration (Ivery.).
Alexandre II (V. H.).
Baronne de Rothschild (Margottin).
Bernhard Andreas (Mardner).
Criterion (Ivery).
Duc de Nassau (Mardner).
Emma (Boddaert).
Friederich Breul (Mardner).
Géant des batailles (Versch)

Général Williams.
Gloire de Belgique (Ver-
vaene).
Louise Margottin (Margot-
tin).
Louis Napoléon (Hend.)·
Mme Miellez (Demarq.).
Magniflora (Spae).
Modèle (Miellez).

Napoléon **III** (Gaines).
Roi Léopold(Vander Crus).
Rosea illustrata (Van Cop-
penolle).
Rubens (Vervaene).
Salmonea albo-cincto (V.
H.).
Souvenir de l'Exposition
(Margottin).

AZALÉES DE PLEINE TERRE. Dans le nombre des variétés cultivées, on en possède aujourd'hui plusieurs qui sont à fleurs doubles; les plus recommandables sont :

Arethusa.
Bartolo Lazaris.
Chromatella.
D^r. Steiter.
Graf von Meran.
Héroïne.
Leibnitz.

Magnifica.
Maya.
Narcissiflora.
Ophinie.
Rosetta.
Van Houttei.

BROMÉLIACÉES. On connaît aujourd'hui environ 300 espèces de Broméliacées ; presque toutes les plantes de cette famille sont originaires de l'Amérique tropicale ou plusieurs croissent en épiphytes. Toutes ces plantes se distinguent par la beauté de leur port et la magnificence de leur floraison. Les plus belles et les nouvelles sont les suivantes :

Aechmea discolor.
— fulgens.
Billbergia farinosa.
— Leopoldi.
— Moreliana.
— vittata.
Bromelia agavœfolia.

Bromelia carolinæ.
— sceptrum.
Caraguata splendens.
Guzmannia erythrolepis.
— spectabilis.
— tricolor.
Tillandsia splendens.

CAMELLIA. Les plus beaux *Camellia* à cultiver sont :

Alba plena.	Marcheso Natta.
— stellata.	Michel-Ange.
Alexina.	Modello.
Archiduchesse Augusta.	Nitida.
— Marie.	Olimpica.
Aspasia vera.	Parvula.
Aurora nova.	Patersoni.
Benneii.	Pecchiolana.
Bijou de Firenze.	Perfection.
Caroline Smith.	Poizia.
Carswelliana.	Prattii.
Comtesse Woronzoff.	Prince Albert.
Daviesii.	Principessa Aldobrandini.
Duchesse d'Orléans.	Queen of England.
Gaspara Stampa.	Roi Léopold.
Gloria del Verbano.	Saccoi.
Il 17 marzo.	Speranza.
Jubilée.	Stockiana.
Lady Hill.	Targioni.
Liuisa Restoni.	Teutonia.
M{{mc}} Hermann.	Tuccari.
Maddalena.	Victrix.
Maometto.	

CONIFÈRES. Il y environ 4 à 500 espèces de Conifères connues; toutes ces plantes végètent de préférence dans les régions tempérées et froides du globe. Nous recommandons les espèces suivantes : l'astérisque indique les espèces qui sont de pleine terre sous notre climat :

* Abies Pinsapo.	Libocedrus chilensis.
Araucaria excelsa.	Pinus distillatoria.
* — imbricata.	* — excelsa.
* Cryptomeria japonica.	* — spectabilis.
* Gingko biloba macrophylla laciniata.	Thuiopsis borealis.
* Larix Giffithii.	* Wellingtonia gigantea.

CYCADÉES. Cette famille de plantes est composée d'environ 70 espèces croissant toutes sous les tropiques. Nous recommandons les espèces suivantes :

Ceratozamia Miquelana.
Cycas circinalis.
— revoluta.
Dion edule.

Macrozamia spiralis.
Stangeria paradoxa.
Zamia horrida.
— Skinneri.

DELPHINIUM. Les *Delphinium* qui ornent le mieux nos jardins sont :

Cheiranthiflorum super-
bum.
Elegans.
Formosum.
Hendersonii.

hyacinthiflorum.
Mme Rougier.
Pompon de Tirlemont.
Richalettii.

DRACÆNA. Les *Dracœna* forment les plus beaux ornements de nos serres ; ce genre se compose actuellement des nouvelles subdivisions, *Calodracon, Charlwoodia, Cordyline,* etc. Les plus belles espèces sont :

Dracæna angustifolia.
— arborea.
— assamica.
— australis.
— Bœrhaavii.
— brasiliensis.
— cannæfolia.
— cernua (D. undu-
lata).
— concinna.
— cœrulescens.
— Draco.
— elegans.
— elliptica (D. ni-
gra).
— ensifolia.
— Escholtzii.
— ferrea.

Dracæna fragrans (Aletris
fragrans).
— fragrantissima
(Charlwoodia)
— gracilis (maurit-
ziana).
— guatemalensis.
— humilis.
— indivisa.
— longifolia.
— maculata (D. Sie-
boldtii).
— marginata.
— — latifolia.
— nobilis.
— nutans.
— paniculata.
— pumila.

Dracæna rigidifolia.	Dracæna terminalis (D.
— Rumphii.	versicolor).
— rubra.	— tessellata.
— spectabilis.	— umbraculifera.
— stricta.	

FOUGÈRES. Toutes les plantes de cette famille sont recherchées pour la beauté, la transparence et la légèreté toute frémissante de leurs feuilles ; elles forment un des plus gracieux ornements de nos serres. L'attention des botanistes collecteurs est portée particulièrement sur cette famille, aussi, les nouvelles introductions sont abondantes ; parmi ces dernières nous citerons les suivantes :

Acrostichum aureum.	Leptogramme gracilis.
Alsophila australis.	Leucostagia choerophylla.
— ferox.	Marattia Kaulfussii.
— mexicana.	— Laucheana.
— senilis.	— Verschaffeltii.
Angiopteris senilis.	Notochlaena chrysophylla.
Cassabeera farinosa.	— nivea.
Cheilanthes Ellisiana.	— Stookii.
Cyathea bocconensis.	Phegopteris spectabilis.
— elegans.	Platycerium biforme.
Ceratodactylis osmundoïdes.	— grande.
	— stemmaria.
Gymnogramme Boucheana	Polypodium superbum.
— gracilis.	Pteris argentea.
Hemionitis cordata.	Thyrsopteris elegans.
— palmata.	

FUCHSIA. Parmi les variétés de *Fuchsia*, nous recommandons les suivantes ; l'astérisque indique celles qui sont à fleurs doubles :

* Auguste Gevaert (V. H.).	Countess (Knight).
* Comte de Medici-Spada (Lem.).	Deutscher meister (Koch).
	Docteur Wolbreuk.

Gulding star (Bank).	Prima dona (Smith).
Gustave-Adolphe.	Princess of Prussia (S.).
La fée du Rhin (Schnee-gauw).	Rose of Castille (B.).
Mme Miellez (Dubus).	Tricolor (Dubus).
* Meldensis fl. pl.	Washington (L.).

GERANIUM ZONALE. Les plus belles variétés de *Geranium zonale,* sont les suivantes :

Comte de Mareuil (Lem.).	Incomparable (Dufoy).
Comtesse de Morny (Lierval).	Mme Vaucher.
Empress of French (Hend.)	Marie Drouart (Lem.).
Feu de Malakoff (Lem.).	Nivea floribunda.
François Chardine.	Roi des lilas (H. D.).
Henriette Lebois (Miellez).	Titian.

Parmi les variétés à feuilles panachées, nous citons :

Alma.	Golden chains.
Arc-en-ciel.	Mountain of snow.
Emperor.	Silver Queen.
Fontainebleau.	The Rainbow (Hend.).

GLOXINIA. Parmi les variétés de *Gloxinia*, nous recommandons les suivantes; l'astérisque indique les variétés à fleurs droites.

Chauvierei (Ch.).	Robert Fortune (V. H.).
Claude Lorrain (H.).	Sir Hugo (Jaeger).
Heliodórus (Hend.).	Tarragona.
Princesse Alice (V. H.).	Th. Lobb. (V. H.).
M. Pochoroff (V. H.).	

GRAMINÉES et **CYPERACÉES.** Il existe environ 4,000 espèces de Graminées, répandues à la surface du globe et végétant sous toutes les températures, depuis les régions polaires jusque sous l'équateur; on en connait peu qui aient une valeur ornementale. Les espèces que nous mentionnons ici sont dignes de figurer dans tous les jardins ;

Arundo donax.	Panicum plicatum.
— — fol. var.	Pennicillaria typhoïdea.
Cyperus papyrus (1).	Pennisetum longistylum.
Gynerium argenteum.	

HELIOTROPES. Il existe peu de variétés dans les *Heliotropes*; les plus belles pour massifs sont :

Beauty of the boudoir.	Mme Anna Turrel.
Candidum.	Multiflorum.
Elisabeth Davilien.	Reine des Heliotropes.
Gloire des massifs.	Roi des Heliotropes.

LANTANA. De même que pour les *Heliotropes*, il existe peu de variétés dans les *Lantana*, ces plantes s'écartent et varient peu du type; les plus jolies variétés à cultiver sont :

Grandiflora variabilis.	Mme Bernieau.
Goliath.	— Schmidt.
L'Empereur.	Rhum von Erfurt.
Lilacina superba.	

MUSACÉES et SCYTAMINÉES. Dans les brillantes familles des Musacées et des Scytaminées se distinguent les espèces suivantes :

Calathea marantina.	Costus Verschaffeltii.
— pardina.	Curcuma Roscœana.
— villosa.	Heliconia metallica.
Canna discolor.	— sanguinolenta.
— gigantea.	Maranta porteana.
— liliiflora.	— pulchella.

(1) Cette plante végète admirablement en été, plantée sur le bord des eaux.

Maranta regalis.	Musa glauca.
— vittata.	— zebrina.
— Warscewiczii.	Rencalmia granatensis.

ORCHIDÉES. Il y a environ 4,000 espèces d'Orchidées connues, les espèces européennes, et en général celles qui croissent dans les pays tempérés, sont terrestres; sous les tropiques elles sont presque toutes épiphites, c'est là aussi qu'elles acquièrent tout le brillant de leur coloris. Dans cette singulière famille de plantes qui a et qui aura toujours le privilége de charmer les yeux et la curiosité la plus difficile, nous citerons les belles et nouvelles espèces suivantes :

Ada aurantiaca.	Laelia Brysiana.
Aerides crispum.	— purpurata.
— Reichenbachii.	Masdevalea elephanticeps.
Angrœcum sesquipedale.	Miltonia spectabilis.
Anœctochilus argenteus.	Odontoglossum lœve.
— setaceus.	— maxillare
Batemannia fimbriata.	— tripudians.
Brassavola flagrans.	Pescatorea cerina.
Burlingtonia decora.	Phalœnopsis amabilis.
— venusta.	Physurus lamprophyllus.
Catasetum bicolor.	Schlimia jasminodora.
— Russellianum.	Sobralia macrantha.
Catleya Mossiae.	Spiranthes Eldorado.
Cycnoches musciferus.	Stanhopea cinnamomi-
— Pescatorei.	odora.
Cypripedium Faireanum.	Stanhopea citrina.
— hirsutissimum.	— Devoniensis.
— macranthum.	— tigrina.
— villosum.	Vanda Cathcarthii.
Dendrodium chrysotoxum.	— formosa.
— Devonianum.	— gigantea.
— Kingianum.	

PALMIERS. Il existe environ 4 à 500 espèces de Palmiers, qui croissent de préférence sous les tropiques; ces plantes impriment, par leur port léger et élancé, un cachet de grandeur et de noblesse si remarquable aux paysages des régions chaudes du globe. Toutes ces plantes sont avidement recherchées pour nos serres dont elles font le plus bel ornement; les plus jolies espèces sont :

Areca aurea.
— lutescens.
— Verschaffeltii.
Astrocaryum Murumuru.
— rostratum.
Bactrys macrophylla.
— spinosissimus.
Caryota Cumingii.
— excelsa.
— urens.
Ceroxylon niveum.

Cocos coronata.
Daemonorops latispinis.
Latania purpurea.
— rubra.
— Verschaffeltii.
Livistonia humilis.
Phœnix reclinata.
Phytelephas macrocarpa.
Sabal Blackburneana.
Thrinax argentea.
Zalacca assamica.

PANDANÉES et **CYCLANTHÉES.** Les Pandanées et les Cyclanthées seront toujours de mode pour l'ornement de nos serres chaudes; nous recommandons les espèces suivantes :

Carludovica palmata.
— purpurea.
Pandanus amaryllidifolius.
— Begea.

Pandanus javanicus fol.
varieg.
— utilis.

ELARGONIUM ODIER. Choix de toutes les variétés mises au commerce en 1858 et 1859 :

Alphée (H. Demay).
Aratus (Rougier).
Comte de Gomet (Rougier).
Coquette de Bellevue (D.).

Inkermann (Duval).
Luther (Malet).
Mme Humann (Robin).
— Van Houtte (Miellez).

Marguerite Clara (Rougier). | Norma (Carpentier).
Marie Joly (Lem.) | Paul Veronèse (Miellez).
Maréchal Canrobert (Lem.) | Salvator Rosa (Duval).
Moïse (Malet). | Suffren (Malet).
Montaigne (Duval). |

PELARGONIUM FANTAISIE.

Anaïs Chauvière (Rougier). | Dame blanche (Dufoy).
Anna Gomien (Lem.). | D'Artagnan (Lem.).
Candidum (Malet). | Iphygénie (Hend.).
Cirele (Turner). | King (Turner).
Clara Novello (Hend.). | Roi des Fantaisies (Miellez)

PENSTEMON. Parmi les *Penstemon* nous mentionnons les variétés suivantes :

Mon caprice (Rend.). | Rubra magnifica.
Monsieur de Parpart. | Victory.
Roseum grandiflorum. | Wilhelm Pfitzer.

PETUNIA. Parmi les *Petunia* nous choisirons les variétés suivantes :

Bicolor. | Prince de Beauvau.
Comte Jaubert. | Purpurea plenissima.
Dom Calmet. | Mme De Loriol.
Ernst Benary. | — Schmitt.
Maréchal Canrobert. | Mlle Willermoz.
Inimitabilis fl. pleno. | Ravissante.
Paul Poirot. | Rendatleri.
Président Reveil. | Reticulata plena.
Phaeton. | Rhum Von Hohenheim.

PHLOX. Pour les *Phlox*, nous ne choisirons que
parmi les dernières variétés obtenues :

Bellet de Varennes. | Mme Lebrasseur.
Boule de Neige. | — Moisson.
Croix de Saint-Louis. | M. Rollisson.
Evening Star. | Triomphe de Twickel.
Lord Byron. | Victor Hugo.

PIVOINES ARBORESCENTES. Les plus belles Pivoines arborescentes sont :

Cerisea purpurea.
Comte de Flandre.
Donkelaarii.
Elisabeth (d'Italie).
Globosa (du Japon).
Lactea.
Mme de Vatry.
— Laffay.

Osiris (du Japon).
Rinzi (d'Italie).
Robert Fortune (Japon).
Triomphe de Vandermaelen.
Triomphe de Versailles.
Van Houttei.

PIVOINES HERBACÉES.

Duc de Cazes.
Festiva maxima.
Globosa alba plena.
Lamartine.
Modeste Guérin.
Nec plus ultra.

Reine des Français.
Parmentier.
Tenuifolia fl. pl.
Triomphe d'Enghien.
Van Geertii.
Wellington.

PLANTES DE SERRE CHAUDE, *remarquables par la beauté de leur feuillage :*

Amherstia nobilis.
Armalia splendida.
Artocarpus imperialis.
Brexia chrysophylla.
Brownea grandiceps.
— macrophylla.
Cataleuca rubicunda.
Coccoloba cordifolia.
Crescentia Lindenii.
— macrophylla.
— regalis.
Ficus cerasiformis.
— Leopoldii.
— panduræfolia.
Jacaranda Clausseniana.
— filicifolia.
— mimosæfolia.
— velutina.
Pavetta borbonica.

Pincenectitia purpurascens
— stricta.
— tuberculata.
Putzeysia rosea.
Rhopala australis.
— corcovadensis.
— glaucophylla.
— princeps.
— silaïfolia.
Spathodea gigantea.
Stadmannia australis.
— Jonghei.
— Fraseri.
— pubescens.
Theophrasta Jussieui.
— imperialis.
— latifolia (Curatella).

PLANTES DE SERRE CHAUDE, *à feuilles panachées, striées, marbrées ou colorées diversement :*

Acalypha colorata.
Aphelandra aurantiaca.
— Leopoldii.
Aristolochia leuconeura.
Begonia argentea (Lind.)
— — guttato.
— comte de Limmin-
ghe.
— Griffithi (picta).
— imperator.
— Ingrahmii.
— laciniata (Roylei).
— lazuli.
— Leopoldii.
— Mme Wagner.
— — Verschaffelt.
— miranda.
— M. Charles Wa-
gner.
— peponifolia (B.
macrophylla.
— picta (V. H.).
— Pourtalesii.
— Prince Troubetz-
skoï.
— primuloïdes.
— punctata.

Begonia Queen Victoria.
— Reichenheimii.
— Regina.
— Rex.
— ricinifolia.
— — maculata.
— Rollissonii.
— splendida.
— — argentea.
— stigmosa.
— tomentosa.
— Thwaïtesii.
— urania.
— Verschaffeltii.
— Victoria.
— xanthina argentea
Bœhmeria argentea.
Campylobotris argyro-
neura.
Croton discolor.
— pictum.
Cyanophyllum magnificum.
— metallicum.
Niphœa alba lineata.
Sonerila margaritacea.
— speciosa.
Spigelia œnea.

PLANTES DE SERRE CHAUDE *se distinguant par leurs belles fleurs.*

Allamanda neriifolia.
— purpurascens.
Chœtogastra Lindeniana.
Clerodendron Devonianum.
— Kœmpferi.

Eucharis amazonica.
Francisca macrantha.
Gesneria Blassii.
— cinnabarina.
— Donkelaarii.

Gesneria egregia.
— Leichtlinii.
Heterocentrum roseum.
Hoya bella.
— Cunninghami.
— imperialis.
Inga ferruginea.
Ixora acuminata.
— Bandhuca.
— coccinea grandiflora.

Ixora javanica.
— laxiflora.
Mandirola lanata.
Medinella magnifica.
Monochœtum ensiferum.
— sericeum.
Pleroma elegans.
Thyrsacanthus rutilans.
Tydæa amabilis.

PLANTES DE SERRE FROIDE, *les plus recommandables* :

Acacia argyrophylla.
— eriocarpa.
— petiolaris.
Amphicome Emodii.
Agnostus sinuatus.
Banksia speciosa.
Bonapartea filamentosa.
— juncea.
Boronia Drummondii.
Ceanothus floribundus.
— papillosus.
Clianthus Dampierii.
Desfontainea spinosa.
Eriostemum buxifolium.
— neriifolium.
Farfugium grande.
Genethyllis macrostegia.
— tulipifera.
Grevillea Drummondii.

Grevillea flexuosa.
Hakea Victoria.
Lisianthus nigricans.
Lomatia Bidwillii.
— elegantissima.
— silaifolia.
Magnolia Lenné.
Melianthus major.
Mitraria coccinea.
Musschia Wollastonii.
Solanum capsicastrum.
Statice brassicæfolia.
— Halfordii.
— macrophylla.
Swainsonia Greyana.
— lessertifolia.
Tremandra ericoïdes.
— verticillata.

PLANTES GRIMPANTES *de serre et de pleine terre, les plus recommandables* :

Clematis florida.
— — Sieboldtii.
— lanuginosa pallida.
— indivisa lobata.
— patens.
— — Amalia.

Clematis patens Helena.
— — Louisa.
— — Monstrosa.
— — sophia.
— — — fl. pl.
Illairea canarinoïdes.

Lapageria alba.
— rosea.
Passiflora Gontieri.

Passiflora Impératrice Eugénie.
— Lemicheziana.

RHODODENDRON. Parmi les espèces d'Assam, de Bhootan et de Sikkim-Hymalaya, introduites dans ces dernières années, nous recommandons :

Rhododendron argenteum.
— Boothii.
— Griffithianum
— Hodgsoni.
— Hendrickii.
— lanatum.

Rhododendron Maddeni.
— Nuttallii.
— Shepherdii
— Smithtii.
— Thomsoni.
— Veitchianum.

RHODODENDRON DE SERRE FROIDE. Parmi les plus beaux hybrides nous citons :

Candeur (V. H.).
Crispiflorum (Delmotte).
Diamant (V. H.).
Duchesse de Brabant (V. H.).
Globosum (V. H.).
Mme Picouline (Versch.).

Mme Wagner (Versch.).
Neige et Cerise (V. H.).
Pelargoniæflorum (Delm.).
Roseum delicatum (Smith).
Rubrum picturatum (Ver.).
Torlonianum.
Victoria reginæ.

RHODODENDRON DE PLEINE TERRE. Parmi les plus beaux hybrides obtenus, nous mentionnons :

Bylsianum.
Charles Truffaut.
Clowesianum (Rol.).
Coccineum punctatum (R.).
Comte de Flandre (Vers.).
Cunningham's white.
Duc de Brabant (Catawb.).
Etandard rose (V. H.).
Hortense (Byls).

Lawsoni (Maximum).
Leopardi (Waterer).
Magniflorum (Rollisson).
Pardoloton versicolor (V. H.).
Pelargoniæflorum.
Prince Camille de Rohan.
Stamfordianum (Rol.).
Versicolor fl. pl. (Moens.).

ROSIERS. *Roses Bengales.* La rose Bengale à pour type la *Rosa semperflorens,* qui est originaire de la Chine et non du Bengale, d'où elle fut introduite vers 1789. Les plus jolies et les plus nouvelles variétés sont :

Cramoisi supérieur.	Lucullus.
Elisa Flory.	Mme Bréon.
Gloire d'Étampes.	Prince Charles.
— d'Isly.	Rival de Pestum.
Louis-Philippe.	

Roses hybrides remontantes. Les plus belles et les plus nouvelles variétés sont :

Ardoisée de Lyon (Demaisin).	Lord Raglan (Guillot père).
	Louis Chaix (Lacharme).
Berceau impérial (Vigneron.	Louise Magnan.
	— Peyronni.
Cardinal Patrizzi (Trouillard).	Mlle Henriette.
	M. de Montigny (Faillet).
Docteur Hénon.	Nicolas Bellot.
Duc de Cambridge.	Ornement des Jardins (Robert).
Empereur Napoléon III (Grangé).	
	Rebecca (Trouillard).
Evêque de Nimes (Demairin).	Thomas Rivers (Margottin).
Général Bisson.	Triomphe des Beaux-Arts (Fontaine).
Gloire de Lyon (Ducher).	
Impératrice Eugénie (Oger).	Triomphe de l'Exposition
Lord Palmerston (Margottin).	Queen Victoria.
	Victor Trouillard.

Roses Iles Bourbons. Ces Roses tirent leur nom de l'Ile Bourbon, d'où elles ont été introduites il y a 40 ans; on peut les regarder comme hybrides de la *Rosa indica,* originaire de la Chine. Ces Roses ne suppor-

tent pas — 10° Réaumur. Les plus belles et les nouvelles variétés sont :

Etoile du Nord.
Glorietta (T.).
Louise Odier.
Mme Angelina.
— Fontaine.

Mme Nérard.
Omer-Pacha (Laffay).
Pierre de Saint-Cyr.
Réveil (Guillot).
Souvenir de la Malmaison.

Roses mousseuses remontantes. Les Roses mousseuses, ne formant qu'une division de la *Rosa centi-
folia,* originaire du Caucase et connue déjà vers 1590,
qui est le type des *Roses pompons* et des *Roses pro-
vins.* Parmi les plus jolies et les plus nouvelles variétés
nous citerons :

Impératrice Eugénie (Guillot).
Mme Edouard Ory (Robert).

Mme Emile de Girardin.
Maponctuée (Guillot père).
Salet (Lacharme).

Roses noisettes. La *Rosa Noisettiana,* de quelques
auteurs, doit être considérée comme hybride prove-
nant de la *Rosa moschata* et de la *Rosa semperflorens.*
On compte parmi les Roses noisettes les belles variétés
suivantes :

Chromatella.
Claudia Augustin (Damai-
sin).

Gloire de Dijon.
Triomphe de Rennes (Lau-
sezeur).

Roses thés. Le type est la *Rosa odoratissima,* Sw.
originaire de la Chine et introduite vers 1810. On en
a obtenu des variétés à fleurs jaunes, blanches et
rouges. Ces Roses fleurissent très-longtemps ; les plus
jolies et les plus nouvelles variétés sont :

Archiduchesse Thérèse.
Auguste Oger (Oger).

Belle-Marie.
Bougère.

Comte de Paris.	Mme Adélaïde.
Comtesse de Seraincourt.	— Bravy.
Elisa Sauvage.	— Falcot.
Jean Hardy.	Mélanie Willermoz.
Impératrice Eugénie.	Reine Blanche.
Isabelle Gray.	Souvenir d'Elisa.
Louise Clément (Guillot).	— d'un ami.
— de Savoie (Ducher).	

VERVEINES. Comme le nombre de variétés de Verveines est trop considérable pour pouvoir prendre place ici ; nous nous bornerons à choisir parmi celles mises au commerce en 1859 :

Bishop's purple (Breeze).	Mme Large (Large).
Ferdinand de Lesseps (Richalet).	— Lemoine (Richalet).
Fille de France (Nivert).	M. Bottin-Desylles (Weick).
Gitana (Rougier).	— Hardy.
La Comète (Lem.).	Nec plus ultra (Rougier).
Lady Seymour.	Reine blanche (Boucharlat).
Léviathan.	Reine des Verveines (Miellez).
Louis Duflot (Weick).	Roi des Verveines (Dufoy).
Lucrèce (Dufoy).	
Mme Constant Brulé (Brulé).	

YUCCA. On connaît aujourd'hui environ 50 espèces de *Yucca,* presque toutes originaires des deux Amériques. Ces plantes partagent avec les *Agave* les honneurs de nos jardins ; plusieurs espèces sont de pleine terre sous notre climat. Nous recommandons les belles espèces et variétés suivantes :

Yucca acuminata.	Yucca angustifolia.
— albo spicata.	— — fol. varieg.
— aloïfolia.	— argyrophylla (Lem.)
— — fol. varieg.	— Avranceana.
— — purpurea.	— californica.
— — Vereyhemii.	— canaliculata.

Yucca concava.
— — filamentosa.
— conspicua.
— cornuta.
— crenulata.
— Draconis.
— — fol. varieg.
— filamentosa.
— — fol. varieg.
— flaccida.
— Ghiesbrechtii.
— glaucescens.
— gloriosa.
— — fol. varieg.
— longifolia.

Yucca lutescens.
— obliqua major.
— Parmentieri.
— pendula (umbracu-
lifera).
— plicata.
— quadricolor.
— recurvata.
— Rœzlii.
— Sieboldtii.
— stenophylla.
— Stockesii.
— — fol. varieg.
— stricta.

ORIGINE DE QUELQUES MOTS LINNÉENS.

Le célèbre Linné, surnommé le père de la Botanique, était assez original dans l'application des noms pour les nouvelles plantes qu'il avait à déterminer, pour qu'on rapporte de lui les anecdotes suivantes :

Le botaniste suédois avait été souvent attaqué dans ses idées par le grand naturaliste *Buffon*, sans lui avoir jamais répondu.

Or, un jour en herborisant, il découvrit dans un terrain fréquenté par les crapauds (*Bufo*, des naturalistes), une plante encore inconnue, petite, insignifiante pour la forme et la floraison. Il la classa sur le champ dans la famille des Alcinées et la baptisa sous le nom de *Buffonia*, faisant ainsi allusion au nom du grand naturaliste.

Ce fut la seule réponse qu'il lui fit jamais.

En souvenir des services rendus par les deux frères *Dalberg*, l'un riche négociant, l'autre chirurgien aux Indes, dont il avait reçu des plantes, il leur dédie un genre nouveau dans la famille des Légumineuses Papilionacées, qu'il nomme *Dalbergia*; et il profite si ingénieusement de la différence des deux espèces, qu'il nomme l'une *Dalbergia monetaria*, qui avait les fruits aplatis, comprimés et offraient la forme d'une monnaie; et l'autre *Dalbergia lanceolaria*, à cause de ses fruits en forme de lancette; faisant allusion à la profession des deux frères.

Il arriva un jour qu'il avait à classer dans la famille des Légumineuses Cœsalpiniées, un nouveau genre qui offrait pour caractère principal d'avoir deux feuilles profondément divisées en deux lobes, ou deux folioles réunies par leur base. Il y attacha le nom de *Bauhinia*, rendant ainsi hommage aux deux frères *Bauhin*, considérés comme les restaurateurs de la botanique.

SOCIÉTÉS FRANÇAISES D'HORTICULTURE[1].

AIN. — Société d'Horticulture pratique de l'Ain, à Bourg.

ALLIER. — Société d'Horticulture du département de l'Allier, à Moulins.

AUBE. — Société d'Horticulture de l'Aube, à Troyes.

BOUCHES-DU-RHONE. — Société d'Horticulture du département des Bouches-du-Rhône, à Marseille.

CALVADOS. — Société centrale d'Horticulture de Caen et du Calvados.

CANTAL. — Société d'Horticulture, à Aurillac.

COTE-D'OR. — Société d'Horticulture de Dijon.

— Société d'Horticulture, à Beaune.

EURE-ET-LOIRE. — Société d'Horticulture d'Eure-et-Loir, à Chartres.

FINISTÈRE. — Société d'Horticulture du Finistère, à Brest.

GARONNE (*Haute-*). — Société d'Horticulture de la Haute-Garonne, à Toulouse.

GIRONDE. — Société Linnéenne de Bordeaux.

— Société d'Horticulture de la Gironde, à Bordeaux.

HÉRAULT. — Société d'Horticulture de Montpellier.

ILLE-ET-VILAINE. — Société d'Horticulture d'Ille-et-Vilaine, à Rennes.

INDRE-ET-LOIRE. — Société d'Horticulture de Tours.

LOIRE-INFÉRIEURE. — Société Nantaise d'Horticulture, à Nantes.

LOIRET. — Société d'Horticulture d'Orléans.

MAINE-ET-LOIRE. — Comice d'Horticulture de Maine-et-Loire, à Angers.

MANCHE. — Société d'Horticulture de l'arrondissement de Valognes.

— Société d'Horticulture de Cherbourg.

---

(1) Toutes ces Sociétés publient des journaux, des mémoires ou des bulletins de leurs travaux.

MARNE (*Haute-*). — Société d'Horticulture de la Haute-Marne, à Chaumont.

MAYENNE. — Société d'Horticulture de la Mayenne, à Laval.

MEURTHE. — Société d'Horticulture de la Meurthe, à Nancy.

MOSELLE. — Société d'Horticulture du département de la Moselle, à Metz.

NORD. — Société d'Horticulture du département du Nord, à Lille.

ORNE. — Société d'Horticulture d'Alençon.

PUY-DE-DOME. — Société d'Horticulture de l'Auvergne, à Clermont-Ferrand.

RHIN (*Bas-*). — Société d'Horticulture de Strasbourg.

RHONE. — Société d'Horticulture pratique du Rhône, à Lyon.

SAONE-ET-LOIRE. — Société d'Horticulture de Mâcon.

SARTHE. — Société d'Horticulture de la Sarthe, au Mans.

SEINE. — Société Impériale et centrale d'Horticulture, à Paris.

SEINE-ET-MARNE. — Société d'Horticulture de Melun et Fontainebleau.
 — Société d'Horticulture de Meaux.

SEINE-ET-OISE. — Société d'Horticulture de Seine-et-Oise, à Versailles.
 — Société d'Horticulture de Saint-Germain-en-Laye.
 — Société d'Horticulture de Mantes.

SEINE-INFÉRIEURE. — Société centrale d'Horticulture de la Seine-Inférieure, à Rouen.
 — Cercle pratique d'Horticulture et de Botanique de la Seine-Inférieure, à Rouen.
 — Cercle pratique d'Horticulture et de Botanique de l'arrondissement du Havre.

SÈVRES (*Deux-*). — Société d'Horticulture et d'Arboriculture des Deux-Sèvres, à Niort.

SOMME. — Société d'Horticulture de Picardie, à Amiens.

TARN-ET-GARONNE. — Société d'Horticulture, à Montauban.

YONNE. — Société d'Horticulture de l'arrondissement de Sens.

SOCIÉTÉS ÉTRANGÈRES D'HORTICULTURE.

ALLEMAGNE. — Société d'Horticulture du grand-duché de Bade, à Darmstadt.

ANGLETERRE. — Société d'Horticulture de Londres.

AUTRICHE. — Société Impériale et Royale d'Horticulture, à Vienne.

BELGIQUE. — Société Royale d'Horticulture d'Anvers.
— Société centrale d'Horticulture de Belgique, à Bruxelles.
— Société Royale de Flore de Bruxelles.
— Société Royale de Botanique de Gand.
— Société d'Horticulture de Gand.
— Société Royale d'Horticulture de Liège.
— Société d'Horticulture de Malines.
— Société Royale d'Horticulture de Mons
— Société Royale d'Horticulture de Namur.
— Société Horticole de Verviers.

ÉTATS-PONTIFICAUX. — Société Romaine d'Horticulture, à Rome.

HOLLANDE. — Société Royale d'Horticulture, à Amsterdam.

PRUSSE. — *Société pour l'amélioration de l'Horticulture* dans les États de la Monarchie Prussienne, à Berlin.

RUSSIE. — Société Russe des amateurs d'Horticulture, à Moscou.

TOSCANE. — Société d'Horticulture de Toscane, à Florence.

JOURNAUX FRANÇAIS D'HORTICULTURE.

Horticulteur Français.
Horticulteur praticien.
Journal des Roses et des Vergers.
Revue Horticole.

JOURNAUX ÉTRANGERS D'HORTICULTURE.

Allemagne.

Allgemeine Gartenzeitung.
Berliner allgemeine Gartenzeitung.
Deutches magasin fur Garten und Blumen kunde.
Hamburger Garten und Blumenzeitung.
Illustriste Gartenzeitung.
Thüringische Gartenzeitung.

Angleterre.

Botanical magasine.
Floricultural cabinet.
Gardener's Chronicle.
The Florist, Fruitist, and Garden miscellany.

Belgique.

Belgique Horticole.
Flore des serres et des Jardins de l'Europe.
Illustration Horticole.
Journal d'Horticulture pratique de la Belgique.

Suisse.

Gartenflora (Zurich).

DÉFINITION

DE

TROIS MOTS QUI NE SONT PAS SUFFISAMMENT COMPRIS.

On n'est généralement pas d'accord sur le sens qu'il faut attacher à ces trois mots : *Horticulteur, Jardinier* et *Fleuriste;* ces mots laissent assez de doutes et d'hésitations dans leur application pour que nous essayions d'en donner ici une définition.

Le mot *Horticulteur* a pour nous une signification beaucoup plus large qu'autrefois. L'*Horticulteur* est celui qui s'occupe de perfectionner la culture des jardins par de *nouvelles introductions* et la *création* de nouvelles plantes qu'il obtient à force d'intelligence, de soin, de travail et d'étude spéciale qui doit toujours être guidée par la science. L'Horticulteur naturalise, acclimate, propage, multiplie, féconde une masse de végétaux qui charment la vue, et qui en même temps rendent le sol de la patrie plus productif. Les *André Thouin*, les *Cels*, les *Noisette* étaient horticulteurs. De nos jours nous avons les *Carrière*, les *Henderson*, les *Linden*, les *Neumann*, les *Rollisson*, les *Van Houtte*, les *Verschaffelt* qui sont horticulteurs.

Le *Jardinier* est celui dont le métier est de travailler aux jardins, qui les soigne, les embellit; cultive, taille, greffe, sème toutes les plantes; qui fume le sol, bêche, râtisse, arrose, etc.

Le *Fleuriste* est celui qui vend des fleurs à la porte de son établissement ou sur les places publiques, qui confectionne des bouquets, des guirlandes pour toutes les fêtes, pour toutes les gloires comme pour tous les malheurs.

Le *Jardinier* est l'artisan, le *Fleuriste* est l'artiste, l'*Horticulteur* est le savant qui montre le chemin dans lequel les deux autres doivent marcher.

ÉTABLISSEMENTS
D'HORTICULTURE DE L'EUROPE

FRANCE.

ILE DE FRANCE.

Département de la SEINE.

G. Aué, horticulteur, boulevard de Strasbourg, 77, Paris.

P. Berthelot, horticulteur, rue des Fossés-Saint-Marcel, 42, Paris.

Plantes vivaces et annuelles, Geranium, Fuchsia, etc.

J. Bourgard, horticulteur, rue Pascal, 60, Paris.

Boutard, horticulteur, rue de Lourcine, 128, Paris.

Pelargium, Fuchsia, Verveines, Azalées, etc.

Burel, horticulteur, rue des Francs-Bourgeois-Saint-Marcel, Paris.

Carrière, chef des pépinières au Jardin des Plantes à Paris.

Chaprox, marchand Grainier, quai Napoléon, 37, Paris.

Chapsal, horticulteur, quai des Ormes, 72, Paris.

Chouvet, jardinier-chef au jardin des Tuileries, rue de l'Université, 213, Paris.

H. Courtois, horticulteur, rue de la Muette, 28, faubourg Saint-Antoine, Paris.

Plantes de serre et de pleine terre.

Courtois-Gérard, grainier horticulteur, quai de la Mégisserie, 34 Paris.

Graines de plantes annuelles et vivaces, Bulbes, Oignons, Griffes, Tubercules, etc.

Couturier, grainier, boulevard des Capucins, 21, Paris.

Decouflé fils, horticulteur, rue de la Santé, 11, Paris.

Derennes, horticulteur, rue Pérignon, 3, Paris.

Alph. Dufoy, horticulteur, rue des Amandiers-Popincourt, 90, Paris.

Plantes de serre et de pleine terre, Nouveautés, Pelargonium, Verveines, Petunia, etc.

Fournier, horticulteur, rue de Lourcine, Paris.

Guérin-Modeste, horticulteur, rue des Boulets, 19, Paris.

Plantes de serre et de pleine terre, Nouveautés, Pivoines, Iris, Glaïeuls, etc.

Hardy père, jardinier-chef au jardin du Luxembourg, rue d'Enfer, 26, Paris.

A. Herault, horticulteur, avenue du Maine, 30, Paris.

Jacquin aîné, grainier horticulteur, rue de Rivoli, 61, Paris.

Graines de plantes annuelles et vivaces, Fuchsia, Verveines, Bulbes, Oignons, Tubercules, etc.

Jacquin jeune, horticulteur, quai de la Mégisserie, 4, Paris.

H. Jamain, horticulteur, rue du Cendrier, 5, Paris.

J. Jamin, pépiniériste, rue de Buffon, 69, Paris.

Arbres fruitiers et d'ornement, Rhododendron, Azalea, etc.

Laurent, horticulteur, rue de Lourcine, Paris.

Lenormand fils, horticulteur, rue des Amandiers-Popincourt, 69, Paris.

Leveque, dit René, horticulteur, boulevard de l'Hôpital, 134, Paris.

Plantes de serre et de pleine terre, Nouveautés, Fuchsia, Pelargonium, Verveines, etc.

J. Lhomme, jardinier-chef du Jardin Botanique de la Faculté de médecine, rue de l'Est, 2, Paris.

Luddemann, horticulteur, boulevard des Gobelins, 22, Paris.

Plantes de serre et de pleine terre, Orchidées,

Palmiers, Cycadées, Fougères, plantes ornementales de nouvelle introduction.

MABIRE, horticulteur, rue de Lourcine, 124, Paris; Lauriers Roses, Rhododendron.

F. MAREST, horticulteur, rue d'Enfer, 85, Paris.

Orangers, Fuchsia, Verveines, Azalea, Pelargonium, etc.

MICHEL et fils, horticulteurs à Paris.

Spécialité d'Erica, etc.

PAILLET, horticulteur, rue d'Austerlitz, 41, boulevard de l'Hôpital, Paris.

Plantes de serre et de pleine terre, Nouveautés, Conifères, Rhododendron, Roses, etc.

REMY, horticulteur, rue des Fossés-Saint-Marcel, 29, Paris.

ROUGIER CHAUVIÈRE, horticulteur, rue de la Roquette, 152, Paris.

Plantes de serre et de pleine terre, Nouveautés, Camellia, Rhododendron, Pelargonium, Roses, Glaïeuls, etc.

RYFKOGEL, horticulteur, rue de Vaugirard à Paris.

Plantes de serre et de pleine terre, nouveautés, Gesneria; Gloxinia, Achimenes, etc.

THIBAUT KETELEER, horticulteur, rue de Charonne, 146, Paris.

Plantes de serre et de pleine terre, Nouveautés, Palmiers, Orchidées, Conifères, Pelargonium, Gloxinia, plantes ornementales de récente introduction.

EUG. VERDIER fils aîné, horticulteur, rue des Trois-Ormes, boulevard de la gare d'Ivry, Paris.

Plantes de serre et de pleine terre, Nouveautés, Roses, Camellia, Azalées, Phlox, Pivoines, etc.

VERDIER père, horticulteur, rue du Marché-aux-Chevaux, 32, Paris.

Plantes de serre et de pleine terre, Nouveautés, Palmiers, Fougères, Roses, Azalées, Glaïeuls, etc.

VILMORIN-ANDRIEUX, horticulteurs-grainiers, à Paris

Plantes de serre et de pleine terre, Graines de plantes ornementales, industrielles, potagères, etc.

AUBERT, pépiniériste, rue de la Barre, à Vitry.

D. Bachoux, pépiniériste, à Vitry.

A. Bacot, jardinier-fleuriste, route d'Allemagne, rue de Sédan, à la petite Villette.

Ch. Barbot, horticulteur, route d'Orléans, 128, à Montrouge.

Fuchsia, Pelargonium, Verveines, etc., etc.

Barillet-Deschamps, jardinier chef au bois de Boulogne, enceinte de la Muette, 24, à Passy.

P. Baron, jardinier-fleuriste, rue du Retrait, Belleville.

Basseville, horticulteur, rue des Tournelles, 6, à Passy.

Plantes de serre et de pleine terre, Nouveautés, Fougères, etc.; culture spéciale des Dahlia.

Baudry, pépiniériste, rue Chédeville, à Clamart.

Bergmann, chef des cultures de M. le baron de Rothschild, à Suresnes.

Bertault, pépiniériste-fleuriste, rue du Four, à Saint-Maur-les-Fossés.

L. Billiard, horticulteur-pépiniériste, rue de Chatenay, 6, à Fontenay-aux-Roses.

Boutreux, horticulteur, route d'Orléans, 99, à Montrouge.

Bray, horticulteur, rue Sainte-Catherine, 1, à Arcueil.

Brizard, horticulteur à Pierrefitte.

A. Chantin, horticulteur, route de Châtillon, 32, à Montrouge.

Plantes de serre et de pleine terre, Nouveautés, Palmiers, Orchidées, Caladium, plantes ornementales de nouvelle introduction, Cactées, Broméliacées, etc.

Chaté fils, horticulteur, rue de Charenton, 143, à Bercy.

Plantes de serre et de pleine terre, Nouveautés, Verveines, Petunia, etc.

Chauvard fils, horticulteur, rue de Vincennes, 40, à Belleville.

Clouet, horticulteur, rue de la Demi-Lune, 7, à Charonne.

Combaz, jardinier chef au Pré Catelan, à Neuilly.

Coulombier fils, pépiniériste à Vitry.

Choux, pépiniériste-horticulteur à la ferme de la Saussaye, par Villejuif.

Arbres et Arbustes d'ornement, Conifères, Fuchsia. Rhododendron, Roses, etc., etc.

Davout, horticulteur, rue Fessart, 26, à Boulogne.

Debille, horticulteur, rue Saint-Fargeau, à Belleville.

Debrie fils, horticulteur, rue des Catacombes, 18, à Montrouge.

Deshays, horticulteur à Vincennes.

Spécialité d'Ericacées.

Dubos aîné, horticulteur à Pierrefitte.

Plantes vivaces, culture spéciale d'OEillets.

Fontaine, horticulteur à Châtillon.

Plantes vivaces, Geranium, Verveines, culture spéciale de Rosiers.

J. Frequel, horticulteur, rue de Fontarabie, 6, à Charonne.

P. Gass, pépiniériste-fleuriste, route de Saint-Germain, à Courbevoie.

F. Gauthier, horticulteur, rue de Beaune, 57, à Belleville.

Gontier fils, horticulteur, route d'Orléans, 143, à Montrouge.

Plantes de serre et de pleine terre, Nouveautés, culture spéciale d'Ananas, Raisins de table, etc.

Gontier (Armand), horticulteur-pépiniériste, route de Sceaux, à Fontenay-aux-Roses.

Graindorge, arboriculteur, rue de Montreuil, à Bagnolet.

J. Guéreau, horticulteur, boulevard Billot, à Neuilly.

Jamin, pépiniériste à Bourg-la-Reine.

Arbres fruitiers et d'ornement, Plantes de serre et de pleine terre.

Jarlot, jardinier chef au château de Bagatelle, près Neuilly.

Jolly, horticulteur, route de Choisy-le-Roi, à la Maison-Blanche.

Lachaume, arboriculteur, rue Saint-Aubin, 18, à Vitry.

Lemichez, horticulteur, place de Villiers-la-Garenne, à Neuilly.

Plantes de serre et de pleine terre, Nouveautés, Camellia, Rhododendron, Pelargonium, Azalées, etc.

Lepère (Alexis), horticulteur, rue Cuve-du-Four, 40, à Montreuil-sous-Bois.

Lierval, horticulteur, rue de Villiers, 42, aux Ternes-Neuilly.

Plantes de serre et de pleine terre, Nouveautés, Phlox, Pelargonium, Fuchsia, Verveines, etc.

Malet, horticulteur au Plessis-Picquet.

Plantes de serre et de pleine terre, Nouveautés, Rhododendron, Geranium, etc.

Malot, horticulteur, rue du Milieu, à Montreuil-sous-Bois.

Margottin, horticulteur, Grande-Rue, 22, à Bourg-la-Reine.

Plantes de serre et de pleine terre, Nouveautés, Roses, Azalées, etc.

J.-L. Martine, horticulteur, rue du Midi, 27, à Vincennes.

Plantes d'ornement, Fuchsia, Verveines, etc.

M.-N. Martine, horticulteur, rue du Plessis-Picquet, à Fontenay-aux-Roses.

R. Paré, horticulteur, boulevard extérieur de la Santé à Gentilly.

Roses, Geranium, Fuchsia, Verveines, etc.

Pelé, horticulteur, route de Châtillon, 20, à Mont-Rouge.

Plantes de serre et de pleine terre, Nouveautés, Rhododendron, Pelargonium, etc., Arbustes d'ornement.

Portemer, horticulteur, rue de l'Hay, 1, à Gentilly.

Plantes de serre et de pleine terre, Conifères.

Souchet, horticulteur, Grande-Rue, 89, à Bagnolet.

Plantes de serre et de pleine terre, Nouveautés, Fuchsia, Pelargonium, Glaïeuls, etc.

Weis, horticulteur, rue Cuve-du-Four, 14, à Montreuil-sous-Bois.

Département de SEINE-ET-OISE.

Aimé-Turlure, grainier-horticulteur, rue des Prêtres, 1, à Versailles.

Bertin, horticulteur, rue Saint-Symphorien, 1, à Versailles,

Plantes de serre et de pleine terre, Nouveautés. Fuchsia, Pelargonium, Lantana, etc.

Chrétien, horticulteur, avenue de Paris, 60, à Versailles.

Dieuzy aîné, horticulteur, avenue de Picardie, 14, à Versailles.

Plantes de serre et de pleine terre, Cactées, Pelargonium, etc.

Duval, horticulteur à Versailles.

Spécialité d'Erica, Azalées.

Lejeune, horticulteur, rue Bonaventure, Versailles.

Rémont, horticulteur, rue Saint-Charles, 12, Versailles.

Plantes de serre et de pleine terre.

Truffaut, horticulteur, rue des Chantiers, 40, Versailles.

Plantes de serre et de pleine terre, Nouveautés, culture spéciale de Marguerites.

Berger fils, horticulteur à Verrières.

Briot, jardinier-chef des pépinières impériales à Trianon.

E. Cappe, jardinier-chef au Vésinet, commune du Pecq.

Cossonet, horticulteur à Longpont.

Couturier, pépiniériste à Saint-Michel-Bougival.

Cremont, cultivateur à Sarcelles.

Culture spéciale d'Ananas.

Cureau, horticulteur, avenue de Grétry à Maisons-sur-Seine.

G. Deroin, horticulteur, route de Paris à Versailles, 60.

Deseine, horticulteur-pépiniériste, rue de Versailles, 31, à Bougival.

Plantes de serre et de pleine terre.

Duval, horticulteur à Montmorency.

Culture spéciale de Rosiers.

Laloy, horticulteur, rue de Versailles, à Rueil.

Ledéchaux, pépiniériste, à Villecresnes.

Culture spéciale de Rosiers.

Mezard, horticulteur à Saint-Germain.
Plantes de serre et de pleine terre, Nouveautés, Dahlia, Pivoines, Iris, etc.
L. Poulain, pépiniériste à Cerçay.
Culture spéciale de Rosiers.
Quihou, horticulteur, au jardin de Fromont, à Ris.
Plantes de serre et de pleine terre, Nouveautés, Magnolia, Rhododendron, Azalées, Pivoines, Glaïeuls.
Remy, horticulteur, quartier Notre-Dame, à Pontoise.
Tabar, grainier-horticulteur à Sarcelles.
Plantes de serre et de pleine terre, Nouveautés, Fuchsia, Geranium, Petunia, etc.
Thuilleaux, pépiniériste à la Celle-Saint-Cloud.
Culture spéciale de Rosiers.

Département de l'OISE.

J. Chatenay, pépiniériste à Beauvais.
Delavier, horticulteur-pépiniériste, rue Saint-Gilles, 2, à Beauvais.
Arbres fruitiers et d'ornement, Plantes vivaces, etc.

Département de l'AISNE.

Bujot, pépiniériste à Chierry, près Château-Thierry.
Arbres fruitiers et d'ornement.
L. Coesme, horticulteur, rue des Capucines, à Château-Thierry.
Plantes de serre et de pleine terre, Arbustes d'ornement, Nouveautés, Geranium, Petunia, etc.
Héry, horticulteur à Saint-Quentin.
Louvot, horticulteur-pépiniériste à Chauny.
Philippot, horticulteur à Saint-Quentin.
Plantes de serre et de pleine terre, Roses, Pelargonium, etc.

Département de SEINE-ET-MARNE.

Alfroy-Duguet, pépiniériste à Lieusaint.
Rose Charmeux, horticulteur à Thomery.

Plantes de serre et de pleine terre, Nouveautés, Pelargonium, Azalées, Rhododendron, Verveines, etc.

Cochet, horticulteur-pépiniériste à Suisnes.

Plantes de serre et de pleine terre, Camellia, etc.

Gloede, horticulteur aux Sablons.

Plantes de serre et de pleine terre, Groseillers. Framboisiers, etc.

Granger, horticulteur à Suisnes.

G. Morlet, horticulteur-pépiniériste, à Avon, près Fontainebleau.

Arbres fruitiers, forestiers ; Arbustes d'ornement.

Quétier, horticulteur, rue Saint-Faron, 32, à Meaux.

Plantes de serre et de pleine terre, Conifères.

Rousseau, pépiniériste à Suisnes.

Culture spéciale de Rosiers.

ALSACE.

Département du BAS-RHIN.

K. Hodel, horticulteur à Holzheim, près Strasbourg.

Pantes de serre et de pleine terre, Pelargonium. Verveines, etc.

Kieffen, horticulteur à la Robertsau, près Strasbourg.

A. Weick, horticulteur, rue des Poules, 45, Strasbourg.

Plantes de serre et de pleine terre, Nouveautés. Rhododendron, Azalées, Lantana, Pelargonium. Roses, etc.

M. Muller, jardinier chef du Jardin botanique de Strasbourg.

Zocher père et fils, horticulteurs à Strasbourg.

Plantes de serre et de pleine terre.

Th. Weick, horticulteur à Weissembourg.

Plantes de serre et de pleine terre.

Département du HAUT-RHIN.

Karl Konig, horticulteur à Colmar.

Plantes de serre et de pleine terre, Nouveautés,

Azalées, Rhodendron, Fuchsia, Camellia, Ilex, etc.
WALTER, horticulteur à Colmar.
AUG.-NAP. BAUMANN, horticulteur à Bollwiller.
Plantes de serre et de pleine terre, Nouveautés, Palmiers, Orchidées, Cactées, Fougères, Rhododendron, Azalées, Roses, Arbres et Arbustes d'ornement, etc.

ANJOU.

Département de MAINE-ET-LOIRE.

AUDUSSON-HIRON, pépiniériste, route des Ponts-de-Cé, à Angers.
Arbres fruitiers et forestiers, Arbustes d'ornement.
J. BESNIER, horticulteur, sur le Mail, à Angers.
Geranium, Petunia, Fuchsia, Verveines, etc.
GUINOSSEAU-FLON, horticulteur, route de Saint-Barthelémy, 14, à Angers.
Plantes de serre et de pleine terre, Nouveautés, Azalées, Rhododendron, Camellia, Pivoines, etc.
LEROY (ANDRÉ), pépiniériste-pomologiste, à Angers.
LEROY (JULES), pépiniériste, rue de Terre-Noire, à Saint-Gemmes-sur-Loire, à Angers.
Arbres fruitiers et d'ornement, Rhododendron, Kalmia, Azalées, Camellia, Magnolia, etc.
LEROY (LOUIS), pépiniériste, au Grand-Jardin, à Angers.
Arbres fruitiers et forestiers, Arbustes d'ornement.

ANGOUMOIS.

Département de la CHARENTE.

BOUDET aîné, jardinier-fleuriste, faubourg Saint-Cybard, à Angoulème.
Plantes de serre et de pleine terre, Nouveautés, Camellia, Geranium, Petunia, Verveines, etc.

ARTOIS.

Département du PAS-DE-CALAIS.

DEMAY, horticulteur à Arras.
Plantes de serre et de pleine terre, Nouveautés,

Pelargonium, Verveines, Heliotropes, Dahlia, Cinéraires, Calceolaires, etc.

AUVERGNE.

Département du PUY-DE-DOME.

G. Bravy, horticulteur à Clermont-Ferrand.
Plantes de serre et de pleine terre.
Cougou-Redou, horticulteur, près le cours Sablon, à Clermont-Ferrand.
Plantes de serre et de pleine terre, Nouveautés, Camellia, Azalées, Rhododendron, Roses, Petunia.

BERRI.

Département du CHER.

André-Vilnat, horticulteur à la Chappe, à Bourges.

Département de l'INDRE.

Grenon, horticulteur au Buisson, près Vatan.

BOURBONNAIS.

Département de l'ALLIER.

Belot-Défougères, horticulteur-grainier, rue de l'Horloge, à Moulins.
Plantes de serre et de pleine terre, Nouveautés, Roses, Pivoines, Geranium, Cinéraires, Petunia, Graines de plantes ornementales et potagères.
J. Marie, horticulteur, rue du Vert-Galant, à Moulins.
Culture de plantes de serre, annuelles et vivaces de pleine terre; Roses, etc.

BOURGOGNE.

Département de l'AIN.

Cointet aîné, horticulteur à Bourg.
Plantes vivaces et annuelles, Azalées, Camellia, Petunia, Geranium, Pivoines, etc.

Treyve, pépiniériste à Trévoux.
Verrier, jardinier-chef à l'École régionale de la Saulsaye.

Département de la COTE-D'OR.

H. Jacotot, horticulteur à Dijon.
Plantes de serre et de pleine terre, Nouveautés, Orangers, Pelargonium, Fuchsia, Verveines, Petunia.
Leconte, horticulteur, rue des Moulins, à Dijon.

Département de SAONE-ET-LOIRE.

Babout, horticulteur à Mâcon.
Plantes de serre et de pleine terre, Nouveautés, Cactées, Pelargonium, Pivoines, etc.
Derussy, pépiniériste à Mâcon.
Bulliat, horticulteur à Mâcon.
Roses, Dahlia, Pivoines, etc.
Vivant-Faivre, horticulteur-pépiniériste, rue de Paris, 16, à Autun.
Arbres et Arbustes d'ornement, Plantes vivaces et annuelles, Dahlia, Roses, Verveines, Petunia, etc.

Département de l'YONNE.

Duthoo, pépiniériste à Auxerre.
Rochefort, horticulteur à Avallon.
Arbustes d'ornement, Plantes vivaces, Azalées, Rhododendron, Pelargonium, Chrysanthèmes, etc.

BRETAGNE.

Département du FINISTÉRE.

Guyomard, fleuriste-pépiniériste à Morlaix.
Plantes de serre et de pleine terre, Arbustes d'ornement, etc.

Département des COTES-DU-NORD.

Le Pellec, horticulteur à Saint-Brieuc.
Pelargonium, Fuchsia, Verveines, etc.

Département d'ILLE-ET-VILAINE.

CAILLARD, horticulteur à Rennes.

GEORGES, jardinier-chef au Jardin Botanique de Rennes.

LANSEZEUR, horticulteur à Rennes.

Arbustes et Plantes d'ornement, Camellia, Azalées, Pelargonium, Roses, etc.

MOTTAIS, horticulteur à Rennes.

SIMON, horticulteur à Rennes.

Département de la LOIRE-INFÉRIEURE.

BITON, horticulteur à Nantes.

Plantes de serre et de pleine terre, Nouveautés, Azalées, Rhododendron, Camellia, Renoncules, etc.

DE LIRON D'AIROLES, horticulteur-pépiniériste à la Civelière, près Nantes.

Arbres et Arbustes d'ornement, Camellia, Pelargonium, etc.

HARMANGE, horticulteur à Nantes.

Plantes de serre et de pleine terre, Palmiers, Fougères, Bromeliacées, etc.

HERBELIN, horticulteur à Nantes.

Palmiers, Fougères, Cactées etc.

LALANDE frères, horticulteurs à Nantes.

Plantes de serre et de pleine terre, spécialité de Conifères.

MENOREAU, horticulteur à Nantes.

Palmiers, Orchidées, Fougères, Bromeliacées ; Plantes de pleine terre.

NERRIÈRE, horticulteur à Nantes.

Spécialité d'Ericacées.

CHAMPAGNE.

Département de l'AUBE.

BALTET frères, horticulteurs, faubourg de Croncels, à Troyes.

Arbustes d'ornement, Roses, Rhododendron, Azalées, Pivoines, Pelargonium, etc.

Département de la MARNE.

N. Barbas, horticulteur à Vitry-le-Français.
Plantes de serre et de pleine terre, Nouveautés,
Roses, Pelargonium, Petunia, etc.
L. Machot, horticulteur à Châlons-sur-Marne.
Roses, Dahlia, Pivoines, Petunia, Verveines, etc.
Roger, horticulteur à Rheims.

Département de la HAUTE-MARNE.

Guillaumet, horticulteur à Montiérender.
Roses, Dahlia, Verveines, Pelargonium, etc.
Lamblin, horticulteur à Chaumont.

COMTAT-VENAISSIN.

Département de VAUCLUSE.

Niel frères, pépiniéristes à Avignon.
Boudier-Caron, horticulteur à Avignon.
J. Sauter, horticulteur à Avignon.
Matton, horticulteur à Carpentras.

DAUPHINÉ.

Département de l'ISÈRE.

C. Bullard, pépiniériste à Grenoble.
Arbres fruitiers et d'ornement, plantes et arbustes
d'ornement.
Baix aîné, pépiniériste à Vienne.
Charpantier, pépiniériste à Grenoble.
Arbres fruitiers, arbres et arbustes d'ornement,
Roses, etc.

Département de la DROME.

Boucherlet, horticulteur à Montélimart.
Pelargonium, Roses, Verveines. Petunia, etc.

FLANDRE FRANÇAISE.

Département du NORD.

BAUDUIN, horticulteur à Loos-lez-Lille.
Arbustes et plantes d'ornement, Nouveautés, Dahlia, Renoncules, OEillets, Anémones, Plantes bulbeuses, etc.
SCHLACHTER, horticulteur à Loos-lez-Lille.
Culture spéciale d'OEillets, Auricules, etc.
MIELLEZ, horticulteur à Esquermez-lez-Lille.
Plantes de serre et de pleine terre, Nouveautés, Pelargonium, Phlox, Verveines, Geranium, etc.

FRANCHE - COMTÉ.

Département du DOUBS.

LEPAGNEY, pépiniériste à Besançon.

GUYENNE.

Département de la GIRONDE.

BERNÈDE, horticulteur à Bordeaux.
Plantes de serre et de pleine terre.
CATROS-GERAND, pépiniériste à Bordeaux.
DUBOIS, horticulteur à Bordeaux.
GENISSET (FÉLIX), horticulteur à Bordeaux.
Plantes de serre et de pleine terre, Nouveautés, Pelargonium, Petunia, Fuchsia, etc.
GUAYRAUD, horticulteur, rue Durand, 69, à Bordeaux.
Plantes de serre et de pleine terre, Nouveautés, Azalées, Camellia, Rhododendron, Fuchsia, Petunia, etc.
HUART, horticulteur à Bordeaux.
LALLEMAGNE, horticulteur à Bordeaux.
LARTAY fils, horticulteur pépiniériste à Bordeaux.
Arbustes et plantes d'ornement, Roses, Dahlia, Pivoines, etc.

Roumillac, horticulteur à Bordeaux.
Plantes de serre et de pleine terre, Cactées, etc.
Rousseau et fils, horticulteurs à Bordeaux.

Département de TARN-ET-GARONNE.

Castel fils, horticulteur à Montauban.
Plantes de serre et de pleine terre.
Pradel aîné, horticulteur à Montauban.
Plantes de serre et de pleine terre, Fuchsia, Pelargonium, etc.

Département de LOT-ET-GARONNE.

Boyron, pépiniériste à Aiguillon.
Tournès, horticulteur pépiniériste à Machetaux.
Arbres fruitiers et d'ornement, culture spéciale de plantes aquatiques, Nymphea, Nelumbium, etc.

Département de l'AVEYRON.

Marre fils aîné, horticulteur à Villefranche de Rouergue.

Département de la DORDOGNE.

Lefaye (Denis), horticulteur à Périgueux.
Darzac, horticulteur-pépiniériste à Périgueux.

LANGUEDOC.

Département de la HAUTE-GARONNE.

Commès, pépiniériste-horticulteur, Pont-des-Demoiselles, à Toulouse.
Froument, horticulteur, barrière Saint-Cyprien, à Toulouse.
Nibours, horticulteur, rue des Trente-Six-Ponts, à Toulouse.

Département de l'HÉRAULT.

Sauct, pépiniériste à Montpellier.

Département du GARD.

Nogaret, horticulteur à Nîmes.
Privaz et Cie, horticulteur à Nîmes.
Plantes aromatiques.
Sagnier fils et Cie, horticulteur à Nîmes.
Plantes aromatiques.

LORRAINE.

Département de la MEURTHE.

Arnould aîné, pépiniériste, route de Metz, Nancy.
Arbres fruitiers et d'ornement, Graines potagères.
Arnould jeune, pépiniériste, route de Metz, 15,
Nancy.
Arbres fruitiers, forestiers et d'ornement, Graines
de plantes potagères, d'agrément et de grande cul-
ture, plantes vivaces.
Bel, fleuriste, faubourg Stanislas, Nancy.
Camsat, jardinier-paysagiste, rue des Jardiniers,
Nancy.
Crousse, horticulteur, rue du Champ-d'Asile, Nancy.
Plantes de serre et de pleine terre, Nouveautés,
Fougères, Roses, Pivoines, Cactées, Yucca, Agave.
Deffaut, fleuriste, pont du chemin de fer, route du
Montet, Nancy.
A. Dermier, pépiniériste, route du Montet, Nancy.
Arbres fruitiers et forestiers, Arbustes d'ornement,
Glaïeuls, Jacinthes, Tulipes, etc.
Dulot, fleuriste, faubourg des Trois-Maisons, Nancy.
Gloriot, horticulteur, ruelle Saint-Antoine, fau-
bourg Stanislas, Nancy.
Plantes de serre et de pleine terre, Nouveautés,
Camellia, Pelargonium, etc.
Harmant, fleuriste, petite rue Nabécor, faubourg
Saint-Pierre, Nancy.
Culture spéciale de Rochea.
Husson, fleuriste, rue des Jardiniers, Nancy.
Hortensia, Tulipes, Glaïeuls, etc.

Jacquemin, pépiniériste-fleuriste, route de Metz, Nancy.

Arbres fruitiers et d'ornement, Roses, Geranium, Verveines, etc. ; Graines potagères.

Lecomte, horticulteur, rue de l'Hospice, 7, Nancy.

Culture spéciale de Camellia.

V. Lemoine, horticulteur, rue de l'Etang, Nancy.

Plantes de serre et de pleine terre, Nouveautés, Orchidées, Pelargonium, Roses, OEillets, Phlox, Verveines, Heliotropes, etc.

Lhuillier, horticulteur, rue Nabécor, faubourg Saint-Pierre, Nancy.

Plantes de serre et de pleine terre, Pensées, Verveines, Heliotropes, etc.

Martin, horticulteur, Grande-Rue, à Malzéville, près Nancy.

Culture spéciale de Camellia.

Munier, horticulteur, rue des Jardiniers, Nancy.

Plantes de serre et de pleine terre, Gloxinia, Camellia, Rhododendron, Verveines, Pelargonium, etc.

Rendatler, horticulteur, rue de l'Hospice, Nancy.

Plantes de serre et de pleine terre, Nouveautés, Pelargonium, Fougères, Phlox, Petunia, Dahlia, Verveines, Heliotropes, etc.

Département de la MEUSE.

Chanet, horticulteur à Bar-le-Duc.
Phlox, Verveines, Geranium, Dahlia, etc.
Richalet, horticulteur à Bar-le-Duc.
Verveines, Phlox, etc.

Département de la MOSELLE.

Bedin et Lamiable, marchands grainiers, à Metz.
Belhomme, jardinier-chef du Jardin botanique, Metz.
Benoit, marchand grainier, à Metz.
Bouchy fils, horticulteur à Plantières, près Metz.

Plantes de serre et de pleine terre, Nouveautés, Pelargonium, Fuchsia, Pivoines, Phlox, Roses, etc.

Dieudonné, pépiniériste à Metz.

Arbres fruitiers et forestiers, Arbustes d'ornement.

Lejeaille, pépiniériste à Moulins-lès-Metz.

Remy-Georges et fils, pépiniéristes, rue Mazelle, 97, à Metz.

Simon-Louis, horticulteur-pépiniériste, à Metz.

Arbres fruitiers, Arbustes d'ornement, Nouveautés, Graines potagères, Pivoines, Azalées, Rhododendron, Plantes de serre chaude et de serre froide, Plantes vivaces, etc.

Thiriot, pépiniériste à Metz.

Département des VOSGES.

Lambinet, fleuriste à Epinal.

LYONNAIS.

Département du RHONE.

A. Alegatière, horticulteur à Monplaisir, près Lyon.

Plantes de serre et de pleine terre, Nouveautés, OEillets, Phlox, etc.

C. Aunier, jardinier-chef au palais de l'Alcazar, Lyon.

Barborier, horticulteur-grainier, place Louis-le-Grand, Lyon.

C. Baligand, horticulteur, chemin du Pont-d'Alaï, près Lyon.

Bizet, pépiniériste à Ecully, près Lyon.

Boucharlat aîné, horticulteur, rue Coste quartier des Maisons-Neuves, à Lyon.

Plantes de serre et de pleine terre, Nouveautés, Petunia, Verveines, Dahlia, Pelargonium, etc.

J. Boucharlat, horticulteur, rue des Missionnaires, à Lyon.

Geranium, Petunia, Roses, etc.

J. Cabin, grainier-horticulteur, place du Petit-Change, Lyon.

C. Charlet, horticulteur, route de Vienne, Lyon.

Plantes de serre et de pleine terre, Nouveautés, Chrysanthèmes, Verveines, Roses, Groseilliers, etc.

J. Chinard, horticulteur, rue Saint-Denis, Lyon.

Collet, jardinier-chef de la ville, cours des Chartreux, Lyon.

Crozy, horticulteur, grande rue de la Guillotière, Lyon.

Arbustes d'ornement, Roses, Chrysanthèmes, Phlox, Verveines, Pivoines, etc.

P. Cuissard, pépiniériste à Ecully, près Lyon.

J. Dalmais, horticulteur, impasse de l'Asile, Lyon.

Damaisin, horticulteur, rue du Vivier, 4, Lyon.

Denis, jardinier-chef du Jardin botanique, Lyon.

Ducher, horticulteur à Lyon.

Roses, Geranium, OEillets, etc.

Gaillard, pépiniériste à Lyon.

Guillaud aîné, horticulteur, montée de la Boucle, 17, Lyon.

L. Guillot fils, horticulteur, grande rue de la Guillotière, Lyon.

Culture spéciale de Rosiers.

Hoste, horticulteur, route de Bourgogne, 37, Lyon.

Jacquemet-Bonnefont père et fils, horticulteurs, Lyon.

Arbres et Arbustes d'ornement, Plantes vivaces de pleine terre, Roses, Pivoines, Petunia, etc.

Jacquier, horticulteur à Monplaisir, près Lyon.

Jusseau, pépiniériste à Sainte-Foy, près Lyon.

Lacharme, horticulteur à Lyon.

Culture spéciale de Rosiers.

La Guillotière, horticulteur à Lyon.

Plantes de serre et de pleine terre, Nouveautés, Roses, Verveines, Phlox, Petunia, etc.

Liabaud, horticulteur, montée de la Boucle, 4, Lyon.

Léon Lille, horticulteur-grainier, cours Morand, 7, Lyon.

Plantes de serre et de pleine terre, Nouveautés, Roses, plantes bulbeuses, etc.

Luizet père, arboriculteur à Ecully, près Lyon.

Margaron, pépiniériste, rue du Repos, 27, Lyon.

Nardy, horticulteur à Monplaisir, près Lyon.

C. Rampon, grainier-horticulteur, passage de l'Hôtel-Dieu, Lyon.

Schmitt, horticulteur, rue Saint-Pierre, Lyon.
Plantes de serre et de pleine terre, Arbustes d'ornement, Nouveautés, Fuchsia, Verveines, OEillets.
Simon (Henry), pépiniériste à Ecully, près Lyon.
F. Willermoz, directeur de l'Ecole d'horticulture, près Lyon.
Bonnefois, pépiniériste à Saint-Genis-Laval.
Defarges, pépiniériste à Saint-Cyr.
Massot fils, horticulteur à Oullins.
Rivière, pépiniériste à Oullins.
Berthier, horticulteur à Oullins.
Roses, OEillets, etc.

Département de la LOIRE.

Monchanin, horticulteur à Regny, près Roanne.
Otin, horticulteur à Saint-Etienne.
Ad. Sénéclauze, horticulteur à Bourg-Argental.
Arbres et Arbustes d'ornement, Plantes de serre et de pleine terre, Nouveautés, Pivoines, Roses, etc.
Vermorel, horticulteur à Saint-Etienne.

MAINE.

Département de la MAYENNE.

Besnier frères, horticulteurs à Château-Gontier.

Département de la SARTHE.

Aubert, horticulteur, rue de la Fuie, 33, au Mans.
Arbres et Arbustes d'ornement, Ilex, Dahlia, Roses.
Bergeot, horticulteur, près le grand cimetière, au Mans.
Bougard, horticulteur-pépiniériste, rue du Sépulcre, 20, au Mans.
Arbres et Arbustes d'ornement, Roses, Dahlia.
Choplin, horticulteur, rue Prémartine, au Mans.
Guibert, horticulteur, rue Sainte-Croix, 8, au Mans.
Plantes de la Nouvelle-Hollande, Fuchsia, Roses.
Houvet, horticulteur, rue de Flore, 26, au Mans.

Levrard, horticulteur, rue du Baillon, au Mans.
Malherbe, horticulteur, rue Coëffort, au Mans.
Arbustes d'ornement, Ilex, Roses, etc.
Moulin, horticulteur, quai de l'Amiral-Lalande, au Mans.
Pollet, horticulteur, rue des Quatre-Vents, au Mans.
Tassin, horticulteur, rue de Flore, 8, au Mans.
Plantes de serre et de pleine terre, Nouveautés, Plantes de la nouvelle Hollande, Ilex, Helichrysum, Azalées, etc.

NORMANDIE.

Département de la SEINE-INFÉRIEURE.

Colin, horticulteur à Rouen.
Plantes de serre et de pleine terre, Nouveautés, Petunia, Cinéraires, Geranium, etc.
Fauquet, horticulteur, côte d'Ingouville, au Havre.
Fauvel, horticulteur à Rouen.
Arbustes d'ornement, Rhododendron, Azalées, etc.
Langlais et Nicolle, horticulteurs à Rouen.
Arbustes d'ornement, Rhododendron, Azalées, etc.
J. Wood, horticulteur, rue Sablée, 6, à Rouen.
Rhododendron, Azalées, Camellia, Pelargonium.

Département du CALVADOS.

Evrard, horticulteur, rue Saint-Jean, 64, à Caen.
Hervieu, horticulteur, rue Basse, 26, à Caen.
Rhododendron, Azalées, Camellia, Pelargonium, Petunia, etc.
Malherbe, horticulteur à Bayeux.
Azalées, Rhododendron, Pelargonium, Petunia, etc.
Oudin aîné, horticulteur à Lisieux.
Arbustes d'ornement, Conifères, Roses, Chrysanthèmes, Verveines, Pelargonium, etc.
Vᵉ Quétel, horticulteur à Caen.
Spécialité d'Anémones, Renoncules.

V⁰ Tirard, horticulteur à Caen.
Spécialité d'Anémones, Renoncules.

Département de la MANCHE.

Bulot. pépiniériste à Saint-Lô.

Département de l'ORNE.

Chauvel, horticulteur à Alençon.
Culture spéciale de Rosiers.
Brossard, pépiniériste à Alençon.
Massé, horticulteur-pépiniériste, a la Ferté-Macé.
Dallière, horticulteur à Alençon.

ORLÉANAIS.

Département du LOIRET.

Bénard fils, horticulteur-pépiniériste, faubourg Saint-Marceau, route de Saint-Mesmin. 51, à Orléans.
Bernieau père et fils, horticulteurs, rue du Coq-Saint-Marceau, Orléans.
Plantes de serre et de pleine terre, Nouveautés.
Bobault, pépiniériste, faubourg Saint-Marceau, Orléans.
Delaire, jardinier-chef au Jardin botanique, Orléans.
Desfossé-Thuillier, pépiniériste, route d'Olivet, Orléans.
Arbres et Arbustes d'ornement, Conifères.
Gauguin-Godillon, pépiniériste, faubourg Saint-Marceau, Orléans.
Grangé fils, fleuriste, avenue Dauphine, Orléans.
Guérin - Troupeau, horticulteur, rue Dauphine. Orléans.
Hemeray-Frison, pépiniériste, rue Guinegault, Orléans.
Puissant-Lanson, horticulteur à Montargis.
Sasserand, horticulteur, rue Saint-Marc, 28, Orléans.
Thuillier-Nioche, pépiniériste, faubourg Saint-Marceau, Orléans.

Transon-Forteau, pépiniériste, route d'Olivet, Orléans.

Vigneron, horticulteur, route d'Olivet, 56, Orléans.

Département de LOIR-ET-CHER.

Adam, horticulteur à Blois.

Duclos-Chauveau, horticulteur à Blois.
Arbres et Arbustes d'Ornement, Conifères, Rhododendron, Azalées, Camellia, Chrysanthèmes, etc.

Mirault (Léonard), horticulteur à Mer.

PICARDIE.

Département de la SOMME.

Flandre, horticulteur, boulevard du Vivier, Amiens.
Roses, Azalées, Rhododendron, Camellia, etc.

POITOU.

Département de la VIENNE.

Bruant, horticulteur, boulevard Saint-Cyprien, à Poitiers.
Plantes de serre et de pleine terre, Arbustes d'ornement, Azalées, Rhododendron, Camellia, Magnolia.

PROVENCE.

Département des BOUCHES-DU-RHONE.

Audibert, pépiniériste à Tonelle, près Tarascon.

Ferrand, horticulteur à Marseille.
OEillets, Phlox, Verveines, Dahlia, etc.

Geoffre, directeur des serres du Prado, à Marseille.
Fuchsia, Dahlia, Verveines, etc.

Gras, fils, horticulteur, Croix de Reynier, à Marseille.
Pelargonium, Fuchsia, Verveines, etc.

Martin, horticulteur à Aix.

Arbustes d'ornement, Plantes de la Nouvelle-Hollande, Roses, Cactées, etc.

Rougié, horticulteur-grainier, rue de Rome, Marseille.

Département du VAR.

Aguillon, horticulteur à Toulon.
Arbustes d'ornement, Pelargonium, Roses, etc.
Goutant, horticulteur à Hyères.
Plantes de la Nouvelle-Hollande, Acacia, Plantes bulbeuses en général.
Nivière, horticulteur à Rodeillac, près Toulon.
Rantonnet, horticulteur à Hyères.
Plantes bulbeuses, Graines de plantes ornementales.

TOURAINE.

Département d'INDRE-ET-LOIRE.

Clavier, horticulteur, rue des Marais, à Tours.
Déniau, horticulteur, rue des Récollets, à Tours.
Lerouy fils aîné, horticulteur, rue des Morts, à Tours.
Lesassier, horticulteur à Saint-Symphorien, près Tours.
Madelin, jardinier-chef du Jardin botanique de Tours.
Martineau, horticulteur à Roche-Corbon, près Tours.
Messire, horticulteur, rue de l'Hospitalité, à Tours.
Patureau-Gougeon, horticulteur, rue Rabelais, 21, à Amboise.
Vacher, horticulteur à Saint-Cyr, près Tours.
Spécialité de Rosiers.

ILES BRITANNIQUES.

ANGLETERRE.

Comté de BEDFORD.

SHEPPARD et fils, horticulteurs à Bedford.
Spécialités de graines de plantes ornementales.

Comté de BERKS.

W. DAVIS, horticulteur à Newbury.
Spécialité de Roses trémières.
SUTTON et fils, horticulteurs à Reading.
Plantes de serre et de pleine terre, Graines de plantes ornementales.

Comté de BUCKINGHAM.

J. FRASER, horticulteur grainier à Alesbury.
C. TURNER, horticulteur à Slough.
Plantes de serre et de pleine terre, Nouvelles introductions, Orchidées, Palmiers, Bromeliacées, Pelargonium, etc.

Comté de CAMBRIDGE.

LAWRENCE, horticulteur à Chatteris.
Plantes de serre et de pleine terre, Pelargonium.

Comté de CHESTER.

DICKSON et fils, horticulteurs grainiers à Chester.
STEWARD et NIELSON, horticulteurs à Liscard.
Plantes de serre et de pleine terre, spécialité de Fuchsia.

Comté de CORNOUAILLES (CORNWALL).

JOHN. PAULL et fils, horticulteurs à Grampound.
Culture spéciale de Rosiers.

Comté de CUMBERLAND.

Little et Ballantyne, horticulteurs à Carlisle.
Plantes de serre, Arbustes d'ornement, Plantes vivaces, Graines de plantes ornementales.

Comté de DEVON (Devonshire).

James Veitch et fils, horticulteurs à Exeter.
Plantes de serre et de pleine terre, Nouvelles introductions, Orchidées, Cactées, Pelargonium, Graines de plantes ornementales.
Lucombe, Pine et Cie, horticulteurs à Exeter.
Arbustes et plantes d'ornement.
Rendle et Cie, horticulteurs grainiers à Plymouth, Graines de plantes ornementales, fourragères et de grande culture.

Comté d'ESSEX.

W. Chater, horticulteur à Saffron-Walden.
Pelargonium, Erica, Verveines, Graines ornementales.
Dillistone et Cie, horticulteurs à Halstead.
Pelargonium, Erica, Epacris, etc.
Fraser, horticulteur à Leytonstown.
Plantes de serre et de pleine terre, Pelargonium, Cineraires, Verveines, Cyclamen, Erica, etc.
Saltmarsh, horticulteur à Chelmsford.
Pelargonium, Roses trémières, Verveines, etc.

Comté de GLOCESTER.

Jos. Blakemann, horticulteur à Chipping-Campden.
Plantes de serre et de pleine terre, Cyclamen, Pelargonium, Erica, Epacris, etc., Graines de plantes ornementales.
Garaway-Mayès, horticulteur à Bristol.
Plantes de serre et de pleine terre, Pelargonium, Erica, Roses trémières, etc.
John Silay, horticulteur à Bristol.

Rubb et Mathesen , horticulteurs à Glocester.
Plantes de serre et de pleine terre , Nouvelles introductions, Orchidées, Palmiers, Plantes de la Nouvelle-Hollande , Graines de plantes ornementales.

Comté d'HUNTINGSTON.

Wood et Ingram , horticulteurs à Huntingston.
Arbustes et plantes d'ornement.

Comté de HENT.

J. Cattell , horticulteur à Westerham.
Plantes de serre et de pleine terre, Azalées, Rhododendron, Erica, Calceolaires, Pelargonium, Verveines, etc.
W. Epps, horticulteur à Ashford.
Plantes de serre et de pleine terre , Pelargonium , Erica , Roses , etc.

Comté de LANCASTER (Lancashire).

W. Cole, horticulteur à Manchester.
Graines de plantes d'ornement.
Davies et Francis, horticulteurs à Liverpool.
J. Holland, horticulteur à Manchester.
Plantes de serre et de pleine terre, Nouveautés, OEillets, Phlox, Pelargonium, etc.
S. Stafford, horticulteur à Manchester.
Pelargonium, Erica, Verveines, etc.

LONDRES et comté de MIDDLESEX.

A. Dancer, horticulteur à Frilham, près Londres.
Culture spéciale de Rosiers.
R. Glendinning , horticulteur à Chiswick, près Lond.es.
Plantes de serre et de pleine terre, Nouvelles introductions, Orchidées, Palmiers, Pelargonium, Azalées, Rhododendron, Graines de plantes ornementales.
C.-G. Henderson et fils, horticulteurs, Wellington-read à Londres.
Plantes de serre et de pleine terre, Nouvelles intro-

ductions, Palmiers, Orchidées, Broméliacées, Rhododendron, Azalées, Cactées, Phlox, etc.

J. et Cʜ. Lᴇᴇ, horticulteur, Hammersmith, Londres.
Plantes de serre et de pleine terre, Nouvelles introductions, Pelargonium, Roses, Erica, etc.

H. Low et Cⁱᵉ, horticulteurs, Clapton, Londres.
Plantes de serre et de pleine terre, Nouvelles introductions, Orchidées, Bromeliacées, Rhododendron, Azalées, Pelargonium, Graines de plantes ornementales.

I. Mᴀʏ et Cⁱᵉ, horticulteurs, Waterlow-bridge, Londres.
Spécialité de Rosiers.

Osʙᴏʀɴᴇ et fils, horticulteurs, Fulham, Londres.
Rhododendron, Azalées, Erica, Pelargonium, etc.

R. Pᴀʀᴋᴇʀ, horticulteur, Hornsey-road, Londres.
Plantes de serre et de pleine terre, Pelargonium, Cinéraires, Rhododendron, Azalées, etc.

J. Sᴀʟᴛᴇʀ, horticulteur, Hammersmith, Londres.
Plantes de serre et de pleine terre, Nouveautés, Rhododendron, Azalées, Pelargonium, Graines de plantes ornementales.

Comté de NORFOLK.

J.-W. Eᴡɪɴɢ, horticulteur à Norwick.
Plantes de serre et de pleine terre, Erica, Rhododendron, Azalées, etc.

Voᴜᴇʟʟ et Cⁱᵉ, horticulteurs à Yarmouth.

Comté de NOTHUMBERLAND.

F. Dᴇᴡᴀʀ, horticulteur à Newcastle.
Rhododendron, Azalées, Camellia, Erica, Graines de plantes ornementales.

Rᴀʟᴘʜ Roʙsoɴ, horticulteur à Hexham.
Plantes de serre et de pleine terre.

Comté de NOTTINGHAM.

J. Gɪʀᴛoɴ, horticulteur à Newark.
Graines de plantes d'ornement.

Pᴇᴀʀsoɴ, horticulteur à Chillwell.

Comté d'OXFORD (Oxfordshire).

T. Perry, horticulteur à Barlenry.
Spécialité d'Arbustes d'ornement, Graines de plantes ornementales.

Comté de SOMMERSET.

J. Kitley, horticulteur-pépiniériste à Bath.
Plantes d'ornement, Culture spéciale de Groseilliers, Framboisiers, Noisetiers, etc.

Comté de SUFFOLK.

Bircham et Wood, horticulteurs à Bungay.
Plantes de serre et de pleine terre, Nouveautés, Culture spéciale de Roses tremières, Erica, Graines de plantes d'ornement.

Comté de SURREY.

G. Baker, horticulteur à Windlesham, près Bagshot.
Arbustes d'ornement, Conifères.
Chandler et fils, horticulteurs à Wandsworth.
Plantes de serre et de pleine terre, Pelargonium, Rhododendron, Azalées, Fuchsia, etc.
Ivery et fils, horticulteurs à Dorking.
Plantes de serre et de pleine terre, spécialité d'Azalées.
G. Jackman, horticulteur à Woking.
Arbustes d'ornement, Rhododendron.
W. Rollisson et fils, horticulteurs à Tooting.
Plantes de serre et de pleine terre, Nouvelles introductions, Orchidées, Palmiers, Fuchsia, Verveines, Azalées, etc.
Standish, horticulteur à Bagshot.
Plantes exotiques, Nouvelles introductions, Rhododendron, Azalées, Petunia, Verveines, etc.
J. Waterer, horticulteur à Bagshot.
Culture spéciale d'Erica, Epacris.
Waterer et Godfrey, horticulteurs à Woking.
Spécialité d'Azalées, Erica.

Comté de SUSSEX.

GRAHAM, horticulteur à Chicester.
Pelargonium, Rhododendron, Azalées, Erica,
Fuchsia, Graines de plantes ornementales.

Comté de WORCESTER.

R. SMITH, horticulteur à Worcester.
Pelargonium, Fuchsia, Verveines.

Comté de YORK (YORKSHIRE).

H. MAY, horticulteur à Bedale.
Fuchsia, Verveines, Petunia, etc.
J. WALKER, horticulteur à Leeds.
Plantes de serre et de pleine terre, Nouvelles intro-
ductions.
D. WOOD, horticulteur à Brough.
Pelargonium, Roses, Rhododendron, Azalées,
Fuchsia, Verveines.

ILE de JERSEY.

B. SAUNDERS, horticulteur à l'Ile-de-Jersey.
Spécialité d'Amaryllis, Plantes bulbeuses en général.

ÉCOSSE.

P. LAWSON et fils, horticulteurs à Edimbourg.
Plantes de serre et de pleine terre, Nouvelles introductions, Orchidées, Palmiers, Conifères, Graines de
plantes économiques et ornementales.

AUTRICHE.

L. ABEL, horticulteur à Vienne.
Plantes de serre et de pleine terre, Arbres et Arbustes d'ornement, Nouveautés, Pivoines, Pelargonium, Roses, Rhododendron, Azalées, etc.

K. Baumann, horticulteur à Vienne.
Plantes exotiques, Culture spéciale de Cactées, Fougères, etc.
D. Hooibrenk, horticulteur à Heitzing, près Vienne.
Plantes exotiques, Nouvelles introductions, Orchidées, Rhododendron, Azalées, etc.
J. Weiringer, horticulteur-pépiniériste à Vienne.
Arbres fruitiers et forestiers, Arbustes d'ornement, Graines de plantes potagères, fourragères et de grande culture.

BOHÊME.

Fr. Joszt, jardinier-chef au château de Tetschen (Bohême).
Plantes de serre et de pleine terre, Orchidées, Palmiers, Rhododendron, Azalées, Camellia, Roses, etc.

GRAND-DUCHÉ DE BADE.

W. Scheurer, horticulteur à Heidelberg.
Spécialité de Rhododendron, Azalées, Camellia, Fuchsia, etc.
J. Schollenberger, horticulteur à Karlsruhe.
Plantes de serre et de pleine terre, Arbres et Arbustes d'ornement, Graines de plantes ornementales.
J. Winkler, horticulteur à Heidelberg.
Plantes de serre et de pleine terre, Culture spéciale de Rhododendron, Azalées, Camellia, etc.

BAVIÈRE (royaume de).

Fr. Beyhl, horticulteur à Munich.
Plantes de serre et de pleine terre, Nouveautés, Erica, Epacris, Plantes aquatiques en général, Roses, Pelargonium, etc.

J. Scheidecker, horticulteur à Munich.
Plantes exotiques, Rhododendron, Azalées, Pelargonium. Roses, Petunia, etc.

BELGIQUE (royaume de).

Province d'ANVERS.

Rigouts Verbert, directeur du Jardin Botanique d'Anvers.
Rodigas, horticulteur à Lierre, près Anvers.
Plantes vivaces, Culture spéciale de Phlox.
Ch. Van Geert, horticulteur à Anvers.
Plantes de serre et de pleine terre, Nouveautés, Arbustes d'ornement, Conifères, Rhododendron, Azalées, Roses, Pivoines, etc.
V. Van Hoorendeek, horticulteur à Malines.

Province du BRABANT.

Veuve Breziers, jardinière-fleuriste, rue Basse, à Schaerbeek, près Bruxelles.
G. Cesarion, horticulteur, rue de Verviers, Bruxelles.
A. Coene, horticulteur à Laeken, près Bruxelles.
C. De Craen, horticulteur, rue d'Anderlecht, Bruxelles.
Fr. de Craen, horticulteur, boulevard de France, Bruxelles.
De Bavay, pépiniériste à Vilvorde, près Bruxelles.
Arbres fruitiers, Conifères.
De Greef, horticulteur à Laeken, près Bruxelles.
De Greef, horticulteur, rue des Vers, 36, Bruxelles.
De Kerk, horticulteur à Saint-Josse-ten-Noode, près Bruxelles.
De Koster, horticulteur, rue de la Montagne, Bruxelles.
De Jonghe, horticulteur, rue des Visitandines, Bruxelles.
Plantes de serre et de pleine terre, Nouvelles intro-

ductions, Arbustes d'ornement, Palmiers, Broméliacées, etc.

DE SAEGHER, jardinier-fleuriste à Molenbeek-Saint-Jean, près Bruxelles.

DUQUENNE, horticulteur à Laeken, près Bruxelles.

FORCKEL, directeur des serres chaudes au Palais-Royal de Laeken, près Bruxelles.

GAILLY, directeur des serres froides au Palais-Royal de Laeken, près Bruxelles.

LEROY, horticulteur, rue du Financier, à Ixelles, près Bruxelles.

J. LINDEN, horticulteur, chaussée de Schaerbeck, n° 140, Bruxelles.

Plantes de serre et de pleine terre, Nouvelles introductions, Orchidées, Palmiers, Aroïdées, Araliacées, Protéacées, Begonia, Arbres fruitiers exotiques, Plantes officinales, etc.

LUBBERS, horticulteur à Ixelles, près Bruxelles.

MEDAER, horticulteur à Saint-Gilles, près Bruxelles.

PANIS, marchand grainier, grande place, Bruxelles.

PELTIER, horticulteur, faubourg de Schaerbeck, Bruxelles.

REYCKAERT, horticulteur à Stalle, près Bruxelles.

STORY, jardinier-fleuriste à Laeken, près Bruxelles.

SCHRAMM, horticulteur à Saint-Josse-ten-Noode, près Bruxelles.

VAN DER GUCHT, horticulteur à Saint-Gilles, près Bruxelles.

VAN DER VÉE, horticulteur à Etterbeek, près Bruxelles.

VAN ESPEN, horticulteur, rue Verte à Saint-Josse-ten-Noode, près Bruxelles.

VAN RIET, horticulteur, rue Camusel, 17, Bruxelles.

VENHEYEN, horticulteur, faubourg de Bruxelles.

ROSSELS aîné, horticulteur à Louvain.

Plantes de serre et de pleine terre, Nouveautés, Arbustes d'ornement.

J. ROSSEELS, horticulteur à Louvain.

BIVORT, pépiniériste-pomologiste à Saint-Remy, près Jodoigne.

Arbres fruitiers.

Province de la **FLANDRE OCCIDENTALE.**

P. Vincke, horticulteur à Bruges.
Plantes de serre et de pleine terre, Rhododendron,
Azalées, Camellia, etc., etc.

Province de la **FLANDRE ORIENTALE.**

Bailleul, horticulteur, rue de l'Hôpital, Gand.
J. Baumann, horticulteur, Nouvelle-Promenade,
Gand.
Plantes de serre et de pleine terre, Nouveautés,
Camellia, Rhododendron, Azalées, Deutzia, etc.
Brugghe (Liévin), horticulteur à Wondelghem, près
Gand.
Cardon, horticulteur, petite rue de Bellevue, Gand.
Fr. Coene, horticulteur à Gendbrugge, près Gand.
Rhododendron, Azalées, Camellia, Fuchsia, etc.
Cornelissen, horticulteur à Gand.
Culture spéciale de Fuchsia.
A. Dallière, horticulteur, faubourg de Bruxelles à
Gand.
Plantes de serre et de pleine terre, Nouveautés,
Rhododendron, Azalées, Erica, etc.
De Cock, horticulteur à Gand.
Plantes de serre et de pleine terre, Rhododendron,
Azalées, Camellia, etc.
De Coninck, horticulteur, faubourg de Bruxelles,
Gand.
De Coster, horticulteur à Melle, près Gand.
L. Delmotte, horticulteur, rue de Bruxelles, Gand.
Azalées, Rhododendron.
J. Delmotte, horticulteur à Gand.
Azalées, Rhododendron.
De Saegher, horticulteur, rue de la Clef à Gand.
L. de Smet, horticulteur, faubourg de Bruxelles,
Gand.
Plantes de serre et de pleine terre, Nouveautés,
Cactées, Conifères, etc.
Lareu, horticulteur, rue Vieille des Meuniers, Gand.

Lareu , horticulteur, rue des Baguettes , Gand.

Papeleu, pépiniériste à Wetteren , près Gand.

Arbres fruitiers et forestiers, Arbustes d'ornement, Plantes de serre et de pleine terre.

Pathé (Albin), horticulteur, rue du Casino, Gand.

C. Spae fils , horticulteur à Gand.

Plantes de serre et de pleine terre , Rhododendron, Azalées , etc.

Fr. Spae père, horticulteur à la Coupure, Gand.

Aug. Toxel , horticulteur à Gand.

Plantes de serre, Nouvelles introductions, Cactées , etc.

Van Damme Sellier , horticulteur, place du Casino, Gand.

Van der Meulen , horticulteur à Gand.

Van Eeckhaute , horticulteur à Ledeberg , près Gand.

Aug. Van Geert , horticulteur, rue de Belgrade, Gand.

Plantes de serre et de pleine terre, Nouveautés, Palmiers, Orchidées, Cactées , etc.

Van Geert père, horticulteur, faubourg de Bruxelles, Gand.

Plantes de serre et de pleine terre, Palmiers, Orchidées , etc.

L. Van Houtte , horticulteur à Gendbrugge, près Gand.

Plantes de serre et de pleine terre, Nouvelles introductions , Orchidées , Palmiers , Broméliacées , Aroïdées , Araliacées , Cycadées , Protéacées , Rhododendron , Azalées , Camellia , Fuchsia , Pivoines , Fougères , Calcéolaires , Jacinthes , Tulipes , Plantes bulbeuses en général , Graines de Plantes potagères , économiques et ornementales.

Van Hulle , jardinier-chef du jardin Botanique de Gand.

D. Vervaene, horticulteur à Gand.

Plantes de serre et de pleine terre, Nouveautés, spécialité de Rhododendron , Azalées , Camellia, etc.

Amb. Verschaffelt, horticulteur à Gand.

Plantes de serre et de pleine terre, Nouvelles intro·

ductions, Orchidées, Palmiers, Bromeliacées, Aroïdées, Fougères, Rhododendron, Azalées, Camellia,
Pivoines, etc., etc.

Jean Verschaffelt, horticulteur, rue de la Caverne,
Gand.

Rhododendron. Azalées, Camellia, etc.

Province de HAINAUT.

Bedinghaus, horticulteur à Nimy, près Mons.
Plantes de serre et de pleine terre, Pyrethrum, etc.
Dedobeller, horticulteur à Mons.

Province de LIÉGE.

De Gey, horticulteur à Huy.
Spécialité d'OEillets.
De Lannoy, horticulteur à Spa.
Haquin, horticulteur, faubourg Hoche-Porte, Liége.
Rhododendron, Azalées, Camellia. etc.
Jacob-Makoy, horticulteur à Liége.
Plantes de serre et de pleine terre, Nouvelles in-
troductions, Orchidées, Palmiers, Aroïdées. Coni-
fères, OEillets, etc.
Jacob-Weyhe, horticulteur à Liége.
Spécialité d'Auricules, OEillets, etc.
Rodembourg, jardinier-chef du jardin Botanique de
Liége.

DANEMARK.

Hansen, horticulteur à Copenhague.
Hintze, horticulteur à Copenhague.
Hornemann, directeur du Jardin botanique de Co-
penhague.
Ohlsen, horticulteur à Copenhague.
Plantes de serre et de pleine terre. Nouvelles in-
troductions, Plantes bulbeuses en général.

ÉTATS-PONTIFICAUX.

C°. DE MEDICI SPADA, amateur-horticulteur, secrétaire de la Société d'horticulture de Rome.
Pelargonium, Roses, Fuchsia, Azalées, etc.

HANOVRE (ROYAUME DE).

G. LANDVOIGT, horticulteur à Hanovre.
Plantes de serre et de pleine terre, Rhododendron, Azalées, Camellia, etc.
L. KOOP, horticulteur à Gottingen.
Plantes de serre et de pleine terre, Orchidées, Palmiers, Broméliacées, Begonia, Rhododendron, Azalées, Camellia, etc.
SCHIEBLER et fils, horticulteurs à Celle.
Plantes de serre et de pleine terre, Arbres et Arbustes d'ornement, Roses, Rhododendron, Pivoines.

GRAND-DUCHÉ DE HESSE.

A. FELDMANN, horticulteur à Darmstadt.
Spécialité de plantes médicinales.
NOAK, horticulteur à Bessungen, près Darmstadt.
Plantes de serre et de pleine terre, Nouveautés, Rhododendron, Azalées, Camellia, Roses, Arbustes d'ornement.
ZAUBITZ, horticulteur-pépiniériste à Darmstadt.
Arbres et Arbustes d'ornement, Culture spéciale de Plantes bulbeuses.

PROVINCE RHÉNANE.

JANZ, horticulteur à Mayence.
Spécialité de Camellia, Azalées, Rhododendron.
MARDNER frères, horticulteurs à Mayence.
Plantes de serre et de pleine terre, Rhododendron, Azalées, Camellia, Roses, Fuchsia, Dahlia, etc.

HOLLANDE (Royaume de).

Bolderdyck, chef des serres de S. M. le roi de
Hollande, à Amsterdam.
J. de Graef, horticulteur à Leide.
Plantes de serre et de pleine terre, Rhododendron,
Azalées, Camellia.
De Groot, horticulteur à La Haye.
Pelargonium, Azalées, Roses, Camellia, etc.
De Vriese, directeur du Jardin botanique de Leide.
C. Glym, horticulteur à Utrecht.
Groenewegen, chef du Jardin botanique d'Ams-
terdam.
H. Krelage, horticulteur à Haarlem.
Spécialité de Plantes bulbeuses, Tulipes, Jacinthes.
J.-C. Krook, horticulteur à Amsterdam.
Camellia, Rhododendron. Azalées, etc.
Saegher, horticulteur à Amsterdam.
Plantes de serre et de pleine terre.
V. Schetzer et fils, horticulteur à Haarlem.
Arbres et Arbustes d'ornement, Plantes bulbeuses
en général, Roses, Geranium, Rhododendron, etc.
H. Storm et fils, horticulteurs à Haarlem.
Arbustes d'ornement, Plantes bulbeuses, Tulipes,
Jacinthes, Crocus, etc.
Van Waweren, horticulteur à Haarlem.
Plantes bulbeuses, Tulipes, Jacinthes, Crocus, etc.

GRAND-DUCHÉ DE LUXEMBOURG.

Backes-Jones, horticulteur à Luxembourg.
Culture spéciale de Rhododendron, Azalées, etc.
A. Kreemer, horticulteur à Psassenthal, près
Luxembourg.
Plantes de serre et de pleine terre, Rhododendron,
Azalées, etc.

A. Wilhelm, horticulteur à Clausen, près Luxembourg.

Plantes de serre et de pleine terre, Nouveautés, Rhododendron, Azalées, Camellia, Roses, etc.

PRUSSE.

Barrenstein frères, horticulteurs à Berlin.

Plantes de serre et de pleine terre, Nouveautés, Palmiers, Aroïdées, Broméliacées, Azalées, Rhododendron, Fuchsia, Roses, etc.

Fr. Bouché, horticulteur à Berlin.

Plantes de serre et de pleine terre, Nouveautés, Plantes bulbeuses en général.

Deppe, horticulteur à Witzleben, près Charlottenbourg.

Plantes de serre et de pleine terre, Roses, Fuchsia, Dahlia, Graines de plantes ornementales.

J. Hoffmann, horticulteur à Berlin.

Plantes de serre et de pleine terre, Plantes bulbeuses, Amaryllis, Azalées, Erica, etc.

J. Limprecht, horticulteur à Berlin.

Plantes de serre et de pleine terre, Plantes bulbeuses, Pelargonium, Fuchsia, etc.

Paech, horticulteur à Berlin.

Plantes d'ornement.

Priem, horticulteur à Berlin.

Plantes de serre et de pleine terre, Myrtes, Orangers, Erica, etc.

L.-Fr. Schultze, horticulteur à Berlin.

Plantes de serre et de pleine terre, Plantes bulbeuses, Roses, Pelargonium, etc.

Duché du BAS-RHIN.

J. Dexder, horticulteur à Coblentz.

Plantes de serre et de pleine terre, Camellia, Rhododendron, Azalées, Roses, etc.

J. ERBEN, horticulteur à Coblentz.
Plantes de serre et de pleine terre, Arbustes d'ornement.
BERGMAN et BURCKHARD, horticulteurs à Cologne.
Plantes de serre et de pleine terre, Erica, Camellia, Azalées, Rhododendron.
FRIELINGSDORF, horticulteur à Cologne.
Culture spéciale de plantes de la Nouvelle-Hollande, Pelargonium, Roses, Rhododendron, etc.
SIEBOLD et Cie, horticulteurs à Bonn.
Plantes de serre et de pleine terre, Culture spéciale de Plantes du Japon, Nouvelles introductions.
E. BURKHARD, horticulteur à Dusseldorf.
Plantes de serre et de pleine terre, Cactées, Azalées, Camellia, Erica, etc.
W. LENNÉ, horticulteur à Dusseldorf,
Arbustes d'ornement.
A. MAYER, horticulteur à Dusseldorf.
Palmiers, Orchidées, Fougères, etc.
H. HAACK, horticulteur à Trèves.
Plantes de serre et de pleine terre.
LAMBERT, horticulteur à Trèves.

PRUSSE OCCIDENTALE.

RADICKE, horticulteur à Dantzick.
Plantes de serre et de pleine terre, Plantes bulbeuses, Graines de plantes ornementales.
A. RATHKE, horticulteur à Proust, près Dantzick.
Plantes de serre et de pleine terre, Arbustes d'ornement.

PRUSSE ORIENTALE.

KOPPE et ENDERS, horticulteurs à Koningsberg.
Plantes de serre et de pleine terre, Arbustes d'ornement, Roses, Camellia, Azalées, Pivoines, etc.
A. WODE, horticulteur à Koningsberg.
Plantes de serre et de pleine terre, Graines de plantes ornementales.

POMÉRANIE.

Bohm, horticulteur à Grunnhoff, près Stettin.
Plantes de serre et de pleine terre, Rhododendron, Azalées, Camellia, Erica, Gloxinia, etc.
Koch frères, horticulteur à Grabow, près Stettin.
Plantes de serre et de pleine terre.
Strandt, horticulteur à Grimmer.
Culture spéciale de Roses, OEillets, Auricules, etc.

Duché de POSEN.

Jortzing, horticulteur à Posen.
Mayer, horticulteur à Posen.
Camellia, Azalées, Erica, Roses, etc.

Duché de SAXE.

K. Appelius, horticulteur à Erfurt.
Plantes de serre et de pleine terre, Roses, Pelargonium, OEillets, Calcéolaires, Graines de plantes ornementales.
E. Benary, horticulteur à Erfurt.
Plantes de serre et de pleine terre, Gesneriacées, Camellia, Roses, Graines de plantes ornementales.
Fr. Haage, horticulteur à Erfurt.
Plantes de serre et de pleine terre, Palmiers, Aroïdées, Cactées, Conifères, Fougères, etc.
Moschkowitz, horticulteur à Erfurt.
Plantes bulbeuses, Phlox, Petunia, Dahlia, Aster.
Ruben, horticulteur à Magdebourg.
Culture spéciale de Pelargonium.
J. Schmitt, horticulteur à Erfurt.
Topf, horticulteur à Erfurt.

SILÉSIE.

Hubner, horticulteur à Bunzlau.
Plantes de serre et de pleine terre, Arbustes d'ornement, Roses, Dahlia, OEillets, Pelargonium, etc.
Jung et Guillemin, horticulteurs à Breslau.
Plantes de serre et de pleine terre, Nouvelles introductions, Plantes bulbeuses en général.

WESTPHALIE.

HACKSPIER, horticulteur à Nordkirchen, près Munster.
Arbustes et Plantes d'ornement de pleine terre.
REVERMANN, horticulteur à Munster.
Rhododendron, Azalées, Camellia, Roses, etc.
STOEDMANN, horticulteur à Munster.

RUSSIE.

ALBARDT, horticulteur à Saint-Pétersbourg.
Graines de plantes ornementales.
C. BRAND, horticulteur à Revel.
BUECK, horticulteur à Saint-Pétersbourg.
Graines de plantes ornementales.
K. ENKE, chef des serres du prince Troubetzkoy, à Moscou.
Palmiers, Orchidées, Fougères, Nouvelles introductions, Plantes de la Nouvelle-Hollande, Rhododendron, Azalées, Camellia, etc.
FINTELMANN, horticulteur à Moscou.
Plantes de serre et de pleine terre, Orchidées, Palmiers, Fougères, Bromeliacées, Plantes bulbeuses, Graines de plantes ornementales.
SCHACH, horticulteur à Riga.
Arbres et Arbustes forestiers et d'ornement.
VOMIN frères, horticulteurs à Moscou.
Plantes bulbeuses en général, Graines de plantes ornementales.
J.-H. WAGNER, horticulteur à Riga.
Plantes de serre et de pleine terre, Nouvelles introductions, Arbustes d'ornement, Orchidées, Palmiers, Fougères, Plantes de la Nouvelle-Hollande.

SAXE (Royaume de).

Beck, horticulteur à Dresde.
Culture spéciale de Rosiers.
Liebig, horticulteur à Dresde.
Spécialté de Plantes de la Nouvelle-Hollande, Rhododendron, Azalées, Erica, Camellia, etc.
Ludicke, horticulteur à Dresde.
Plantes de serre et de pleine terre, Rhododendron, Azalées, Camellia, Kalmia, Roses, etc.
Laurentius, horticulteur à Leipzig.
Plantes de serre et de pleine terre, Nouvelles introductions, Orchidées, Palmiers, Fougères, Broméliacées, Conifères, Rhododendron, Kalmia, Azalées.
Maibier frères, horticulteurs à Dresde.
Culture spéciale de Liliacées, Ericacées, Camellia.
Mosenthin, horticulteur à Eutritzsch, près Leipzig.
Culture spéciale de Primevères à fleurs doubles et de Plantes aquatiques.
E. Wagner, horticulteur à Dresde.
Spécialité de plantes bulbeuses, Dahlia, Graines de plantes ornementales.

DUCHÉ DE SCHLESWIG-HOLSTEIN.

James Booth et fils, horticulteurs à Flottbeck, près Altona.
Plantes de serre et de pleine terre, Nouvelles introductions, Orchidées, Palmiers, Fougères, Broméliacées, Cactées, etc.

SUÈDE et NORWÉGE.

A. Hansen, horticulteur à Christiania (Norwége).
Plantes de serre et de pleine terre, Graines de plantes ornementales.

Lundstrom, horticulteur à Stockholm (Suède).
J. Nyguist, horticulteur à Christiania (Norwége).
Wanselius, horticulteur à Stockholm (Suède).
Plantes de serre et de pleine terre.

SUISSE.

Husser, horticulteur à Zurich.
Plantes de serre et de pleine terre, Pelargonium,
Roses, Fuchsia, etc.
Ortgies, jardinier-chef du Jardin botanique de Zurich
Piltet, horticulteur à Lausanne.
Stettler, horticulteur à Berne.
Plantes de serre et de pleine terre, Camellia, Roses.
Pelargonium, etc.
Wallner, horticulteur à Genève.
Plantes de serre et de pleine terre, Graines de
plantes ornementales.

VILLES LIBRES DE LA CONFÉDÉRATION GERMANIQUE.

FRANCFORT.

J. Bock, horticulteur à Francfort.
Plantes de serre et de pleine terre, Culture spéciale
de Cactées.
A. Scheuermann, horticulteur à Francfort.
Culture spéciale de Rhododendron, Azalées, Kal-
mia, etc., Spécialité de Graines de plantes ornemen-
tales annuelles et vivaces.
J. Schmidt, horticulteur à Francfort.
Palmiers, Broméliacées, Pandanées, Fougères,
Roses, etc.

HAMBOURG.

E. Harmsem, horticulteur à Hambourg.
Culture spéciale de Plantes de la Nouvelle-Hollande, Azalées, Rhododendron, Metrosideros, Erica, Pelargonium, etc.
Muller, horticulteur à Eppendorff, près Hambourg.
Spécialité de Roses, Fuchsia, Pelargonium, Verveines, Petunia, etc.
J. Ohlendorf et fils, horticulteurs à Hambourg.
Plantes exotiques en général.
V. Pabst, horticulteur à Hambourg.
Plantes de serre et de pleine terre, Rhododendron, Azalées, Camellia, Kalmia, etc.
P. Schmitt et Cie, horticulteurs à Bergedorf, près Hambourg.
Pelargonium, Fuchsia, Verveines, Petunia, Roses-trémières, Phlox, Lantana, etc.

LUBECK.

Bang et Cie, horticulteurs à Lubeck.
Culture spéciale de Rosiers, Graines de plantes ornementales.
E. Pollmans, horticulteur à Lubeck.
Plantes de serre et de pleine terre, Rhododendron, Azalées, Camellia, Pelargonium, Fuchsia, etc.

WURTEMBERG (Royaume de).

A. Hwasz, horticulteur à Stuttgart.
Plantes de serre et de pleine terre, Rhododendron, Azalées, Camellia, Pelargonium, etc.
W. Pfitzer, horticulteur à Stuttgart.
Plantes de serre et de pleine terre, Roses, Dahlia.

FIN.

OMISSIONS.

CAPET et MATRAS, pépiniéristes à Vitry-le-Français (Marne).

Arbres fruitiers, forestiers et d'ornement.

HERY-RIGAUX, horticulteur, faubourg Saint-Martin, impasse des Ilots, Paris.

Camellia, Rhododendron, Geranium, Roses, Verveines, etc.

LOUESSE-FONTAINE et Cie, grainiers-fleuristes et pépiniéristes, quai de la Mégisserie, 38, Paris.

Graines potagères, fourragères et ornementales.

PHILIPPE et ARBEAUMONT, pépiniériste à Vitry-le-Français (Marne).

Arbres fruitiers, forestiers et d'ornement.

AVIS IMPORTANT.

Dans tout livre de renseignements, la première année de publication étant toujours la plus difficile et la moins complète, nous prions MM. les Horticulteurs de nous pardonner les omissions involontaires et regrettables que nous aurions pu faire à leur égard, nous les engageons à nous faire connaître leurs *adresses et leurs principales cultures* par l'envoi de leurs catalogues ou par *lettres affranchies;* nous seront toujours disposé à faire droit à leurs justes réclamations, afin de rendre notre livre plus complet et plus utile pour l'année **1861.**

TABLE ALPHABÉTIQUE

DES MATIÈRES.

ÉTABLISSEMENTS D'HORTICULTURE DE L'EUROPE.

FRANCE.

PROVINCES.

DÉPARTEMENTS.

Nancy, Imprimerie de A. LEPAGE, Grande-Rue, 14.

collections offrent à la fois un texte plus correct et une parfaite uniformité quant à la condition matérielle.

Le *Magasin* forme chaque année un volume de 412 pages, contenant 300 gravures environ et la matière de huit forts volumes in-8.

On peut s'abonner aux années antérieures de manière à recevoir mensuellement un volume complet ou un numéro. On arriverait ainsi en peu de temps à compléter la collection entière.

Le comité central d'instruction primaire de la ville de Paris a placé le Magasin pittoresque sur la liste des ouvrages propres à être donnés en prix dans les écoles primaires et supérieures, dans les classes d'adultes.

AVIS AUX ABONNÉS

QUI NE RECEVRAIENT PAS EXACTEMENT LES NUMÉROS MENSUELS.

Les abonnés de Paris, servis directement par l'administration du Magasin pittoresque, doivent faire les réclamations franco le surlendemain.

Les abonnés des départements, servis par la poste, doivent s'adresser au directeur poste du bureau de destination, le lendemain du jour où ils auraient dû recevoir leurs sons ; plus tard, aucune réclamation ne pourrait être admise.

Les numéros des abonnés sont mis à la poste le dernier jour de   mois.

www.ingramcontent.com/pod-product-compliance
Lightning Source LLC
LaVergne TN
LVHW012218170726
843503LV00005B/2142